从平凡到非凡:
PPT
设计蜕变

回航———著

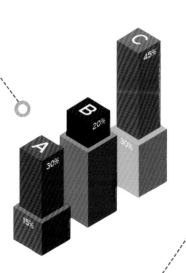

www.waterpub.com.cn
· 北京 ·

内 容 提 要

不同于以往的 PPT 工具书，《从平凡到非凡：PPT 设计蜕变》旨在帮助读者重塑 PPT 设计思维。从职业策划人的角度，阐述内容对 PPT 设计的重要性。书中提供的实战案例和练习，不但可以让读者系统地学习 PPT 的相关知识，而且对 PPT 的设计思维将有更为深入的理解。

《从平凡到非凡：PPT 设计蜕变》分为 9 章，涵盖的主要内容有：从内容策划 PPT；PPT 设计的四个原则；图文匹配的方法和排版的方式；PPT 布尔运算的使用技巧；不同字体风格的使用方法；图标的类型和排版方式；选择图表类型以及制作可视化图表的设计技巧；结合爆款视频案例，讲解三种常用的动画；从职业策划人的角度分享如何做好 PPT 的提案。

《从平凡到非凡：PPT 设计蜕变》内容通俗易懂，案例丰富，实战性强。特别适合广告、公关、传媒行业的从业人员，想要快速提升办公软件技能的职场白领，以及日常需要用到 PPT 的各类从业人员阅读使用。

图书在版编目（CIP）数据

从平凡到非凡 : PPT 设计蜕变 / 回航著. -- 北京：
中国水利水电出版社 , 2021.9（2024.12 重印）.

ISBN 978-7-5170-9751-8

Ⅰ . ①从⋯ Ⅱ . ①回⋯ Ⅲ . ①办公自动化－应用软件
Ⅳ . ① TP317.1

中国版本图书馆 CIP 数据核字 (2021) 第 141108 号

书　　名	从平凡到非凡：PPT 设计蜕变 CONG PINGFAN DAO FEIFAN: PPT SHEJI TUIBIAN
作　　者	回航　著
出版发行	中国水利水电出版社 （北京市海淀区玉渊潭南路 1 号 D 座　　100038） 网址：www.waterpub.com.cn E-mail：zhiboshangshu@163.com 电话：（010）62572966-2205/2266/2201（营销中心）
经　　售	北京科水图书销售有限公司 电话：（010）68545874、63202643 全国各地新华书店和相关出版物销售网点
排　　版	北京智博尚书文化传媒有限公司
印　　刷	北京富博印刷有限公司
规　　格	148mm×210mm　32 开本　8.75 印张　241 千字　1 插页
版　　次	2021 年 9 月第 1 版　　2024 年 12 月第 4 次印刷
印　　数	11001—13000 册
定　　价	69.80 元

前　言

PPT 技术有什么前途

你好，我是回航。

一位曾在 4A 公司工作近 10 年的策划人。10 年的时间里，我用 PPT 为奔驰、宝马、百度、华为、网易等公司写过上千份方案。或许，我可以从一个职业策划人的角度和你聊聊一个职场人该如何做好一份 PPT。

从某种意义上讲，PPT 这个文案工具实在不值得一提。它门槛低，操作简单，谁都可以上手摆弄两下。可就这么一个看起来平淡无奇的办公软件，却让很多人又爱又恨了大半生。

毫不夸张地说，从我们入学那天起就接触了 PPT。课堂上，它是老师们讲课时的最佳伴侣，后来成了你论文答辩时的展示利器。毕业后，无论你从事什么样的工作，PPT 都或多或少地出现在你的工作汇报、竞聘演讲、产品推介、项目竞标和团队培训中，甚至是你的婚礼现场。

沿着这个人生轨迹，你有没有发现：PPT 本身并不重要，但是 PPT 的展示场合都很重要！它在我们人生的拐点上发挥着重要的作用。

某互联网公司的用户体验部总监在国际体验设计大会上发表演讲，因为 PPT 做得太 low，一度被现场观众要求下台。

某教育机构的企业年会上，员工改编的沙漠骆驼版的"释放自我"一度登上热搜。其中一句"累死累活干不过写 PPT 的"道出了多少职场人的心酸，网友纷纷表示太过真实。

国内某知名房地产开发商在内部流程中规定，向领导汇报工作必须提交 PPT。

这样的案例不胜枚举。不论是职场上的管理大咖，还是苦哈哈的普通白领，PPT 对于每个人来说都太重要了。

作者的使用体会

很多人为了学好 PPT，一开始就疯狂地学习它的各种选项功能。结果是把自己变成了 PPT 的技术控，但做出来的 PPT 依旧拿不出手。

学习 PPT 好比学画画，要对轮廓、明暗、层次有基本的了解，但别忘了最终目的是要把画画好看了。它和学数学不一样，数学有标准答案，我们称之为"硬知识"。绘画是没有标准答案的，我们称之为"软知识"。

硬知识可以通过记忆、推理、练习得到快速提升，而软知识看中的是对美的理解。设计 PPT 更多的是学习一种软知识，需要对美有一定的认识和理解，也是我们常说的"审美能力"。很多人被吐槽制作的 PPT 难看，就是因为用学习硬知识的方式去学习软知识，肯定事倍功半。

还有很多人为了学好 PPT，在抖音上、公众号上关注了很多大 V。收藏了他们的作品，天天刷，刷到最后，恍然大悟："我学了半天，也没学会一招半式。"真正印证了英国诗人柯勒律治所说的"到处都是水，却没有一滴可以喝"。

这就是学不好 PPT 的原因所在。每天听到的、看到的知识零零碎碎、不成体系，学到的一招半式再不加练习，时间久了就会忘得一干二净。

所以，你可以利用碎片化的时间去学习，但不要让获取的知识碎片化。

本书的特色

本书从策划、审美、图片、形状、文字、图表、图标、动画、演讲 9 个维度讲解 PPT，帮助读者建立一套完整的 PPT 知识体系。

本书讲技术，重审美，帮助读者重塑 PPT 设计的思维逻辑，因而不会讲解 PPT 每个选项功能的使用方法，而是将职场中最常见的 PPT 设计技巧提供给读者进行参考和学习。灵活使用这些设计技巧，就足以超越 90% 的使用者的设计水平了。

此外，在每章的末尾都有一张思维导图及随堂的课后练习，以帮助读者随时检查学习进度和巩固对知识掌握的熟练程度。希望读者勤加练习，看得再多都不如自己亲手做一遍来得真实。

最后，祝你的 PPT 日益精进，做出来的 PPT 既有 Power 又有 Point。

本书的内容

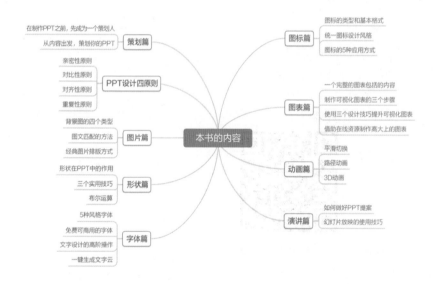

作者介绍

回航，4A 公司资深策划，自媒体"小松塔 PPT"的创作者，全网视频总播放量超 2000 万，全网粉丝量 20 多万，曾为奔驰、宝马、北京现代、华为、网易等国内知名公司写过 1000 多份 PPT，设计内容广受好评。

哔哩哔哩个人主页　　　　PPT 视频教程（本视频为付费学习项目）

本书赠送资源

1 张学习地图
13 个随堂练习资源
69 个 PPT 素材搜索网站
100 套精美 PPT 模板
800 页常用素材文件

（扫描二维码，即可获取资源链接）

本书的读者对象

- PPT 初学者
- 想要提升 PPT 技能的广告、公关、传媒行业从业人员
- 想要快速提升办公软件技能的职场人员
- 各计算机专业的大中专院校实习学生
- 需要 PPT 入门工具书的人员
- 其他对 PPT 感兴趣的各类人员

目 录

Contents

一个好的 PPT 从策划开始

作为一个策划人，每次在撰写 PPT 之前，首先打开的不是 PPT 办公软件，而是先到网络上查询资料。查询与策划内容相关的背景、特点、调性，甄选 PPT 的模板、配色、字体，下载相关的图片、图标、字体，搭建内容框架后才开始撰写 PPT。

也许你会说："我又不是策划，用得着这么麻烦吗？"

其实，人生何处不策划？我们做顿饭，都要计划一下。旅行之前，也会给自己做个攻略，乘坐什么交通工具，去哪里打卡……可偏偏到了影响升职加薪、展现人生高光时刻的时候，你却想跳过"策划"这一步，实在不明智。

策划看似让你的工作多了一个烦琐的步骤，实际却为后面撰写 PPT 提供了大大的便利。

1.1 在制作 PPT 之前，先成为一个策划人

我经常会在自己的公众号里发布一些模板作品，有的粉丝觉得好看就迫不及待地向我索取，他们说要作为某某使用。此时，我心里都会有一个大大的问号：模板和你的内容真的匹配吗？

正如我前面所讲，好的 PPT 往往从一个好的策划开始，而一个好的策划首先要从内容出发。

PPT 作为一个办公软件，是内容的载体，配合演说的展示工具。我

们做 PPT 往往忽视了内容本身，只看重 PPT 的设计，这实在是本末倒置。

我从事策划多年，每一次在给客户呈现方案的时候，都要输出一些有价值、有创意的观点或者营销策略，以此来打动客户买单。至于 PPT 的美化，只是一个必备的附属价值。

当然，我也经历过类似这样的教训：明明内容没什么问题，客户偏偏说你写得不够好。情急之下，我只是做了一下 PPT 的美化，内容没有太大的改动，方案就通过了，如图 1.1 所示。

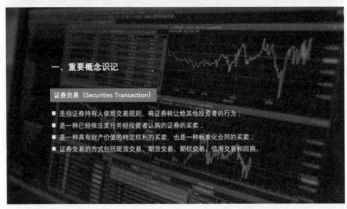

图 1.1　同样的内容，不同的设计

所以，我的经验告诉我：差的内容加上好的 PPT 设计，是徒有其表；好的内容加上差的 PPT 设计，是错失良机；好的内容加上好的 PPT 设计，才是锦上添花。

　　一个优秀的策划人并不等于一个优秀的设计师。好的策划人首先要把精力放在内容上，然后才是将内容包装成"产品"营销给客户。

　　内容涉及的行业信息千千万，我们不在这里讨论。我需要做的是帮你做好 PPT 的设计。在每一次演讲展示的时候，不会因为 PPT 的设计错失良机。如果你的内容足够优秀，再有一套优秀的 PPT 设计助你锦上添花，那么这本书的目的也就达到了。

　　网上通常对策划人的描述是：策划人要像只鸭子，在水里可以游，在陆上可以走，被客户逼急了还能在空中扑腾几下。

　　我从事策划多年，深以为然。PPT 的撰写不会总是一帆风顺，你要满足客户的诉求，与设计师一起探求，满足同事和领导的要求，最后在演讲时还要满足现场观众的需求。但是别怕，你只要对 PPT 还有所追求，就可以在这本书里予取予求。

1.2　从内容出发，策划你的 PPT

　　一个好的 PPT，首先是对主题内容有足够的了解，对观众有一定的认知，与应用的场景有一定的契合度，这一切都要从一个好的策划开始。

1.2.1　明确 PPT 的应用场景

　　我经常在哔哩哔哩和今日头条上发布一些教学视频，一些粉丝表示很难将其应用到实际工作中。的确，和这本书的初衷不同，那些视频多是用作演示使用的。

　　演示型 PPT 最大的特点就是文案短小而精练，画面简洁而大方。通常是一句话或几个词语概括整页 PPT 的内容，如果再配上几个酷炫的动画，整页 PPT 的视觉表现力一定不俗。

　　然而，这种类型的 PPT 需要演讲者具备一定的演讲能力，凭借个人魅力感染现场观众。在这种场合下，PPT 更像是一个起到信息提示作用的"背景墙"。

　　常见的演示型 PPT 大多出现在新品发布会、大型路演及演讲现场等大型场合，如图 1.2 和图 1.3 所示。

图 1.2　魅族 16 发布会幻灯片（第 1 页）

图 1.3　魅族 16 发布会幻灯片（第 2 页）

　　另外一种就是阅读型 PPT，是最常见、使用率极高的 PPT 类型，也是本书主要的阐述对象。

　　阅读型 PPT 与演示型 PPT 相比，文字更加丰富，信息量更大。这多半是由它的自身用途决定的，我们要保证阅读者在没有人讲解的情况下，仅凭借 PPT 上的内容就可以完全领会要传递的信息。

　　阅读型 PPT 有营销方案、教学课件、公司简介、工作汇报、业绩总结、求职简历等，如图 1.4 所示。

图 1.4　营销方案幻灯片

　　所以，在撰写 PPT 之前首先要明确 PPT 的应用场景。错把阅读型 PPT 当作演示型 PPT 使用，会给现场观众造成视觉疲劳，对你的演讲失去兴趣；如果把演示型 PPT 当作阅读型 PPT 使用，也会因为内容的不完整，让阅读者对信息的理解产生困扰。正所谓"在什么场合说什么话"，说的就是这个道理。

1.2.2　构建你的思维导图

　　写 PPT 和写文章一样，都是在表达观点。如何将观点有层次、有条理地铺陈开来，需要具备一定的思维逻辑能力。在写 PPT 之前，建议首先搭建一个内容框架，以便让自己可以条理清晰地呈现 PPT 的内容。

在这里推荐 4 种撰写 PPT 的内容框架。

1. 并列式

内容之间的关系是并列的、平等的。每个内容可以单独列出来，彼此之间没有太多的关联，结构划分起来也比较简单。

下面这页幻灯片是为一家汽车公司撰写的活动方案中的一页。每个板块的内容都可以单独拿出来讲解，并且不影响对其他内容的理解，如图 1.5 所示。

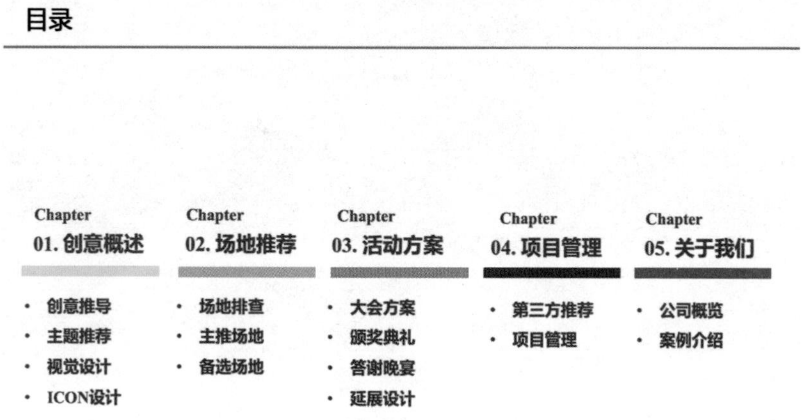

目录

Chapter	Chapter	Chapter	Chapter	Chapter
01. 创意概述	**02. 场地推荐**	**03. 活动方案**	**04. 项目管理**	**05. 关于我们**
· 创意推导	· 场地排查	· 大会方案	· 第三方推荐	· 公司概览
· 主题推荐	· 主推场地	· 颁奖典礼	· 项目管理	· 案例介绍
· 视觉设计	· 备选场地	· 答谢晚宴		
· ICON设计		· 延展设计		

图1.5　并列式结构

2. 连贯式

内容之间按照事物过程安排层次，前后互相衔接。它们彼此之间存在一定的关联性，可以是时间、地点或某种情节等，并且按照这种关联性内容向前推进。

下面这页工作计划的幻灯片就是按照时间顺序展开的，如图 1.6 所示。

图 1.6　连贯式结构

3. 递进式

递进式虽然在内容上也有一定的关联性，但是这种内容之间的关系是由浅入深、由表及里、由现象到本质的。这种内容框架常见于对问题有一定的深度思考，如营销方案、工作总结、毕业答辩等类型的 PPT，如图 1.7 和图 1.8 所示。

图 1.7　工作总结幻灯片

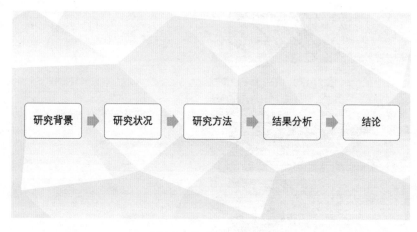

图 1.8　毕业答辩幻灯片

4. 总分式

一个观点由多个论点支撑，或者一个项目由多个内容组成。这种总分式的内容框架在 PPT 中是比较常见的。公司简介的幻灯片就是一种典型的总分式结构，如图 1.9 所示。

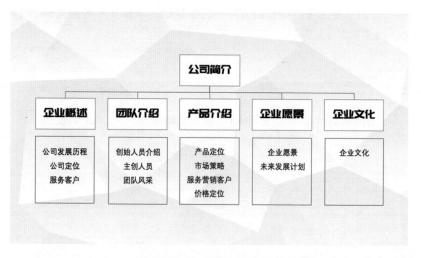

图 1.9　总分式结构

　　确定了表达逻辑，接下来就需要把框架中涉及的内容延展开，充分利用每一个论据来证明要表达的观点。我们将这种发散性的思考方式的展现叫作"创建思维导图"。

　　我们可以借助软件创建思维导图。目前比较主流的思维导图工具是XMind，可以到官网上下载，如图 1.10 所示。

（a）策略分析流程

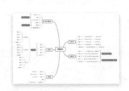
（b）廉价航空

（c）如何阅读一本书

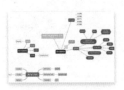
（d）新产品 6 个类型

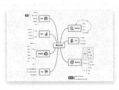
（e）商业计划

（f）初中化学知识体系图

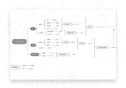
（g）资产负债表

（h）公司组织架构

（i）旅行计划

（j）商业时间轴

（k）任务逾期分析

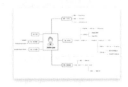
（l）个人简历

图 1.10　XMind 图库

借助思维导图可以高效地策划内容。例如，做一份"如何阅读一本书"的 PPT，可以按照"连贯式"的结构方式，将 PPT 的内容结构划分为阅读前、阅读时、阅读后三个阶段。

然后再根据每个阶段遇到的不同状况，具体地罗列使用的方法。例如，在阅读时，可以采用逻辑记忆和图像记忆两种方法，图像记忆又进一步阐述了具体的实施步骤。这样我们在撰写 PPT 时，整个内容的逻辑就一目了然了，如图 1.11 所示。

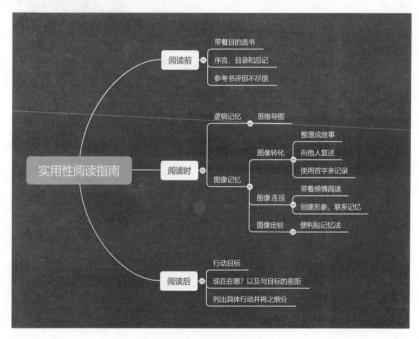

图 1.11　思维导图

创建思维导图可以有效地建立一套完整的内容体系。于大局处见起伏，于细节处见真章。

当然，如果你是个爱动手的人，也可以在草纸上勾勾画画。网上有很多高手都画出了精美的思维导图，如图 1.12 所示。

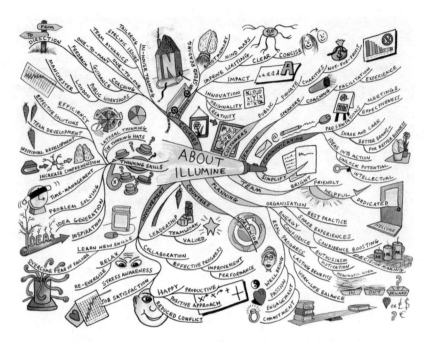

图 1.12　手绘思维导图

1.2.3　规划 PPT 的组织框架

PPT 在做演示时，是自上而下地纵向呈现，不同于思维导图可以一眼纵览整个结构框架。所以，一套清晰的组织框架可以帮你时刻提醒台下的观众，你讲到了哪里。

通常一套完整的 PPT 由 5 个部分组成：封面页、目录页、过渡页、内容页、封底页。

封面页是一套 PPT 的门面担当，主要包括主题、副标题、作者署名、日期、公司标识等信息，如图 1.13 所示。

图 1.13　封面页

　　目录页高度概括了 PPT 的核心内容，也就是前面讲到的内容框架。它可以帮助观众总览整个 PPT 所要阐述的内容，如图 1.14 所示。

图 1.14　目录页

　　过渡页是目录页的一个分支，也叫作转场页。好像电影转场一样，提醒观众转场到下一个篇章，如图 1.15 所示。

图 1.15 过渡页

内容页上还需要添加主标题和一级标题，甚至是二级标题。让观众时刻明白在讲什么内容，如图 1.16 所示。

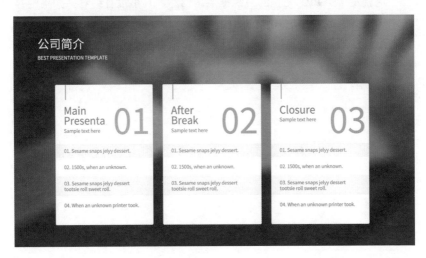

图 1.16 内容页

最后，在结尾处添加一个结束页。可以留下你的联系方式，或者添加一句结束语，如图 1.17 所示。

图 1.17　结束页

这就是一个 PPT 完整的组织框架。当然，凡事没有绝对。如果内容是"连贯式"或"递进式"的结构，或者你对自己的逻辑思维及表达能力有足够的自信，也可以只添加目录页和结束页，或者干脆这两页都不添加。

你不得不知道的设计四原则

很多人把 PPT 做不好归结于素材不够好。但是，如果用上好的素材，而你的审美依然很差，结果也只是获得一种奢华的丑。

做好 PPT 有一个定律：PPT 的设计 = 审美 × 素材。如果审美为 0，即使素材是 100，PPT 的设计也会是 0。可见审美有多么重要！

从本章开始，我将为你介绍设计的四个基本原则。这四个基本原则出自一位世界级设计师罗宾·威廉姆斯（Robin Williams）。他将复杂的设计原理凝练为亲密、对齐、重复和对比四个基本原则，他的理论影响了整整一代设计师。

2.1　亲密性拯救你的布局散乱

首先我们要知道这个亲密性是什么意思？这个词听起来可能有些抽象，下面可以看两个简单的案例。

请在 5 秒之内认清下面图片中的信息，包括数量、种类、名称，越具体越好，如图 2.1 所示。

图 2.1　内容零散地排列

你记住了哪些信息？水果和蔬菜各有多少？你能记住的名称又有多少？5 秒之内想回答出这些问题，的确有些困难。因为图片中的信息量太大吗？

同样再给你 5 秒的时间，看下面这张图片，你能记住多少信息？如图 2.2 所示。

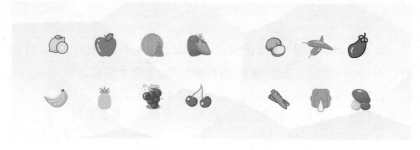

图 2.2   内容有秩序地排列

这一次记住的信息是不是比上一次多，记忆起来也更加容易。

我们将两张图片进行比较。第一张图片中的水果和蔬菜虽然摆放得很整齐，但是都混在一起，根本不知道应该先从哪里看起。5 秒之内连分辨物体都困难，更不用说统计数量。

而第二张图片中的水果和蔬菜，按照类型分成了两个类目，一眼就能看出数量与种类，这就是亲密性的重要体现。

亲密性就是将相关的元素放在一起，位置相互靠近。如此一来，相关的元素将被看成一个整体，不相关的元素自然地被分开。

理解了亲密性设计原则，我们在 PPT 中如何应用呢？

2.1.1   相关内容彼此靠近

我们先来看一个案例，如图 2.3 所示。

第一眼看到这张幻灯片，说实话，还不错。图片的选择比较美观，字体使用恰当，可美中不足的就是右边的文字部分的排版问题。

图2.3　案例1

如果你对上面所说的亲密性有了一定的理解，那么就能一眼看出来这页幻灯片的问题：标题与正文的间距过于分散，虽然看起来不丑，但也没那么精致，在阅读上也会给观众带来一定的障碍。

我在原排版的基础上，将正文与标题之间的距离缩进。让三块内容在页面上是一个整体，但细看这个整体，又是三个独立的内容，页面之间的内容关系清晰明了，方便阅读，如图2.4所示。

图2.4　修改后的幻灯片（案例1）

这里要强调的是，亲密性原则并不是说所有的内容都要靠近。如果某些内容在理解上存在关联，或者逻辑上存在某种关系，那么这些元素在视觉上应当相互靠近。不相关的内容不要存在任何的亲密性。

幻灯片的封面上只有四个字，但是这样的字间距与行间距同样会造成阅读障碍。观众第一眼看到这个标题可能会是"越线穿火""穿火越线"，如图 2.5 所示。

图 2.5　案例 2

这个封面的问题就是四个字之间的字间距和行间距太过于接近，在视觉上就导致看到的是四个不同的主体，很显然这种排版并不恰当。

解决办法很简单，将相关的词语摆放得紧密一些，不相关的词语就摆放得稀疏一些，这样就由四个主体变成两个主体，方便观众阅读，如图 2.6 所示。

当然我们也可以借助一下小图标来区分亲密关系，让画面更加生动，如图 2.7 所示。

图 2.6　修改后的幻灯片 1（案例 2）

图 2.7　修改后的幻灯片 2（案例 2）

2.1.2　成组内容保持间距

在 PPT 中，亲密性的应用还表现在成组的文字、图片、图标之间应当保持一定的间距，这样才能保证彼此良好的亲密性。

在"开始"选项菜单栏中，提供了文字的行间距调节工具。选中文字以后，在"行距"选项工具栏中，有 1 倍、1.5 倍、2 倍、2.5 倍、3 倍的行间距可以选择，如图 2.8 所示。

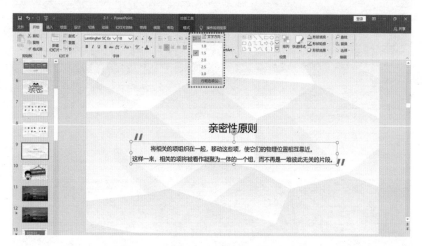

图 2.8　行距选项

如果要调整成 1.2 倍行距，可以选择"行距选项"选项，在弹出的"段落"对话框中，选择"多倍行距"，在旁边的窗格中就可以任意输入行间距的数值了，如图 2.9 所示。

讲到这里，也许有人会问：到底文字之间的间距为多少最合适呢？

之前坊间有传闻说 1.2 ～ 1.4 倍是最佳行间距，你可以拿它做参考，我个人认为这不是绝对的。文字之间的间距还是要根据内容的需求而定。

有时候，可能会碰到类似这样的情况：想要突出文字的一部分内容，但发现文字被放大后，行间距也出现了变化，上下两行的行间距出现了明显差异，如图 2.10 所示。

段落	?	×

缩进和间距(I)　中文版式(H)

常规

对齐方式(G)：　居中

缩进

文本之前(R)：　0 厘米　　　特殊(S)：　(无)　　　度量值(Y)：

间距

段前(B)：　0 磅　　　行距(N)：　多倍行距　　　设置值(A)：　1.2

段后(E)：　0 磅

制表位(T)...　　　　　　　　　　　　确定　　　取消

图 2.9　多倍行距选项

图 2.10　案例 3

这时候，只要把被放大的那行文字单独列出一个文本框，并手动调节使其与其他的行间距相同，这个问题就迎刃而解了，如图 2.11 所示。

图 2.11　修改后的幻灯片（案例 3）

　　除此之外，像平时用到的图片、图标、图表等都需要遵守亲密性原则。保证同一个项目的距离靠近，不同项目的距离拉远。

2.1.3　页面排版保持亲密

　　PPT 除了在内容上要保持间距外，在页面的排版上也要保持良好的亲密性。

　　下面这页幻灯片在设计上没有问题，但整体的布局排版多少给人一种说不清的压迫感，如图 2.12 所示。

　　原因就在于边框与边框之间的距离超过了页面边缘与边框的距离，也就是这里的 A 大于 B。这样的间距大小会造成内容比较松散，两端的边框看起来像是要冲出底线，给人以压迫的感觉，如图 2.13 所示。

图 2.12　案例 4

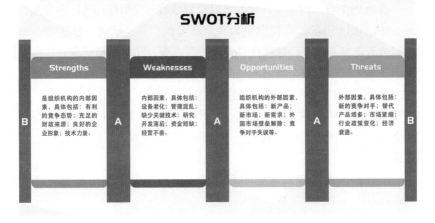

图 2.13　案例 5

　　遇到这种多个内容放在同一个页面的排版，也要利用亲密性原则，将相同类型的内容放在一起，位置靠近，也就是 A 小于 B，这样看起来才更像一个整体，如图 2.14 所示。

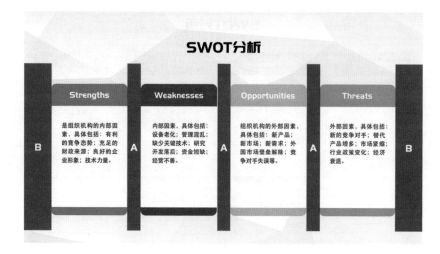

图 2.14　修改后的幻灯片（案例 5）

　　借助 PPT 自带的工具，我们可以很好地规避类似这种情况的发生。

　　如图 2.15 所示，在视图里勾选"参考线"和"标尺"复选框，将鼠标放置在参考线上，并按住 Ctrl 键进行拖曳，比对着标尺就可以拖曳出四条参考线作为安全距离。任何文字和图片都不得超出这个安全距离（去掉参考线也很简单，将参考线拖曳出页面即可）。

　　当然，也有特殊情况。有时候，为了页面更有张力，也会将图片和文字的摆放冲出页面，我们把这种设计方式叫作"出血"，如图 2.16 所示。

　　所以，如果问我到底要不要冲出安全距离？这是个值得思考的问题……

　　要么规规矩矩地控制在安全距离之内，要么不拘一格地冲出页面。

　　就像我在开篇讲到的：PPT 的设计是一种软知识，没有标准的答案，一切要从实际的内容出发。你和眼前的 PPT 就好像亲密的爱人，时间久了，你就得学会自己把握亲密度。

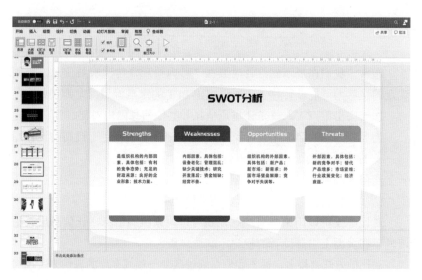

图 2.15　视图中的"参考线"和"标尺"

图 2.16　"出血"画面

2.2　没有对比就没有观点

通常，我们在展示幻灯片时要在 7 秒内给观众传递有效信息，否则观众的注意力可能就转移了，所以突出 PPT 的重点就显得尤为重要。

如何突出重点呢？就是让重点信息和其他信息做出对比。

为大家分享的第二个设计原则，也是在 PPT 中使用率极高的设计原则——对比性原则。

通俗地理解对比性原则：就是借助颜色、形状、大小等属性将重点信息区分，形成鲜明的视觉差异，给人一种强调信息、突出重点的感觉。

对比不仅可以用来吸引注意，还可以用来组织信息，让信息层级更清晰，在页面上引导读者的视觉，制造焦点。

对比的方法有很多，通常我们是通过改变一项或多项的属性来实现对比。例如，改变颜色，改变大小，改变位置，改变形状，改变清晰度……

2.2.1　大小之间的对比

大小的对比指的是放大主体内容，可以是文字、图片、形状等。这是一个 VIP 会员价格的介绍页。三种价格平级摆放，没有什么重点，如图 2.17 所示。

图 2.17　案例 6

修改后的幻灯片不用文字说明，一眼就能看出来商家在主推 108 元的价格，如图 2.18 所示。

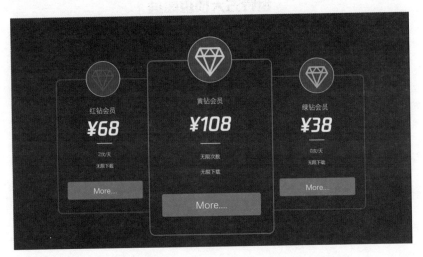

图 2.18　修改后的幻灯片（案例 6）

改变大小是对比性原则中最简单的一种方法，原因在于人类天生就容易被"大"的东西吸引。通过突出主体、弱化客体实现对比关系。

2.2.2　颜色之间的对比

第一眼看到这页幻灯片觉得还不错，排版规整、表述清晰。但它有个最大的问题就是太平整了。页面上的 5 个观点平均分布，让人抓不到重点，如图 2.19 所示。

如果稍加修改一下呢？对重点元素使用主色调，对非重点元素使用辅色或者无颜色填充，是不是瞬间就抓住了观众的眼球？如图 2.20 所示。

图 2.19　案例 7

图 2.20　修改后的幻灯片（案例 7）

让颜色之间形成对比，一是可以区分内容的主次；二是可以让页面更美观，这样的做法一举两得。

2.2.3　字体之间的对比

字体区别使用，也可以让主题和副本内容产生对比。这页的幻灯片虽然"丁香"字号放大，但是给人的印象不够深刻，如图 2.21 所示。

图 2.21　案例 8

如果给"丁香"换一个字体呢？你会注意到，衬线字体与非衬线字体的对比，会让人把注意力瞬间放在"丁香"这两个字上，如图 2.22 所示。

图 2.22　修改后的幻灯片（案例 8）

2.2.4　粗细之间的对比

粗细的对比通常指的是字体的粗细。下面这页幻灯片如果不仔细看，很多人都看不出来这页幻灯片的主题是"管理措施"，如图 2.23 所示。

图 2.23　案例 9

我们将这四个字修改一下。加粗、字号放大、变化颜色一起使用，一下就突出了主体，如图 2.24 所示。

图 2.24　修改后的幻灯片（案例 9）

所以，在大段的文本中，将中心观点提出后对其进行加粗、加大、更换字体，尽量让主题与内容不同，以此形成对比。

在这里要强调的是：要想使对比达到预期效果，对比就要明显。

下面这页幻灯片标题字号 20，正文的字号 18，两者很难看出有对比性，如图 2.25 所示。

所以，字体大小对比不要用 20 与 18 这样相近的字号对比，颜色上也不要用深棕色和黑色对比。

这就是我要提出的两个注意事项。

第一，对比的两个内容如果不相同，就让它们截然不同。

第二，对比虽好，但要把握分寸。

在同一个 PPT 内，不要超过一种画风、两种字体、三种字号和四种颜色。如果在同一页中使用过多的对比性，不仅无法形成对比，还会给人一种眼花缭乱的感觉。

鲸落现象

鲸死去后沉入海底的现象。当鲸在海洋中死去，它的尸体最终会沉入海底，生物学家赋予这个过程为鲸落。一条鲸的尸体可以供养一套以分解者为主的循环系统长达百年。在北太平洋深海中，鲸落维持了至少有43个种类12490个生物体的生存，促进了深海生命的繁荣。

图 2.25　案例 10

2.3　对齐性提高你的工作效率

对齐性原则告诉我们：页面上的每一项信息在视觉上要建立某种联系，其摆放都是有目的性的设计。直观地讲，对齐的目的就是为了达到一种视觉上的平衡。

2.3.1　PPT 中对齐的 5 种方式

在 PPT 中，有 5 个选项工具可以帮助你很好地实现对齐设计原则，让 PPT 画面更加具有精致感。它们分别是：左对齐、居中对齐、右对齐、两端对齐和分散对齐，如图 2.26 所示。

1. 左对齐

左对齐可以使文章左侧的文字具有整齐的边缘。

由于我们的阅读顺序大多是从左至右，所以左对齐也成为排版中最常见的一种排版方式，操作起来也比较简单。

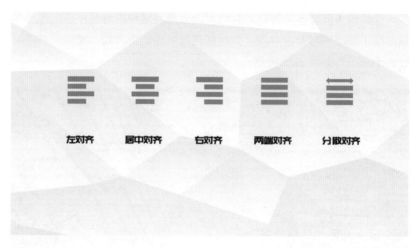

图 2.26　PPT 中的 5 个选项工具

　　但是左对齐的弊端也很明显，就是太过于平常，显得没有设计感。所以左对齐的排版经常会用到添加图片或其他视觉元素，防止画面过于单调。

　　下面这页幻灯片是某厂商发布会上的一页幻灯片。尽管文字在右边，依然选用了左对齐的方式，左边摆放一张图片，使画面达到一种很好的平衡，如图 2.27 所示。

图 2.27　魅族 PRO6 发布会幻灯片（左对齐的排版）

在编辑大段文本的时候，我们可能会遇到这样的情况：正文部分尽管使用了数字序号及左对齐，但是阅读起来还是很费劲，难道左对齐有什么不对吗？如图 2.28 所示。

图 2.28　案例 11

左对齐是没有错，但问题就在于不应当把如此繁多的文字挤在一起。当文字内容有几块时，应该分行空出合适的行间距。这也是前面讲到的亲密性原则。

第二行的文字不再以数字作为对齐的标准，而是以每一行正文的第一个字作为对齐的标准，这样的页面看起来更舒适整齐，如图 2.29 所示。

2. 居中对齐

居中对齐的排版总是给人一种正式、严肃的感觉，如新闻发布会、重大会议、产品发布会的 KV 等，如图 2.30 所示。

居中对齐的幻灯片一般不适宜出现大段的文字，因为大段的居中对齐文字会带来段落参差不齐和阅读困难的问题。

图 2.29　修改后的幻灯片（案例 11）

图 2.30　经商工作会议 KV

　　这页幻灯片采用了居中对齐的方式，冗长的文字和断句容易让阅读者失去兴趣，如果处理成文字、图标结合的方式可能效果会更好，如图 2.31 所示。

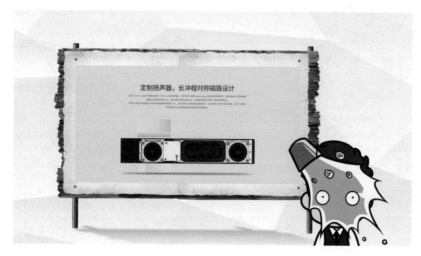

图 2.31　案例 12

　　居中对齐的排版建议用在封面设计中或是一些全图式的幻灯片上。简短的标题配上短小精悍的文案，再加上精美图片，设计感会立刻展现出来，如图 2.32 所示。

图 2.32　魅族 PRO5 发布会幻灯片（居中对齐的排版）

3. 右对齐

　　由于阅读习惯的原因，右对齐在平常的设计中用得比较少，在幻灯片中使用右对齐，大多是在封面或全图式页面的排版上。

　　这里要讲到一个特殊的案例。如图 2.33 所示，这是一张左图右字的排版方式，文字在右边，就使用了右对齐。但是仔细看一下，就会发现每个段落的起始文字却参差不齐。

图 2.33　案例 13

　　这样的对齐方式对阅读体验是不友好的。所以要躲避这个误区，文字在右边，并不一定要使用右对齐。就像之前一直强调的：设计要根据内容而定。如图 2.34 所示，使用左对齐后，文字的左边缘与产品在垂直方向上会显得更整齐。

4. 两端对齐

　　两端对齐可以使文字均匀地分布在文本框内。最常见到的就是杂志、报纸等印刷品都是将文字两端对齐。

　　在制作 PPT 时，我相信很多人会遇到这样的情况：无论怎么拉动文本框，文字的两端都无法对齐。出现这种问题时，大部分原因是使用了中英混合的标点符号，或者是中英文字体混用所导致，如图 2.35 所示。

图 2.34　修改后的幻灯片（案例 13）

图 2.35　案例 14

　　从大段的文字中挑出错误的标点符号可能会有些困难，这时就可以使用两端对齐的方式，文字便会均匀地分布在左右两边，如图 2.36 所示。

图 2.36　修改后的幻灯片（案例 14）

5. 分散对齐

分散对齐多用于不同字号的标题，让长短不一的标题看起来更加平衡。

如图 2.37 所示，这个幻灯片由于字号不统一，给人一种头重脚轻的感觉。为了突出主标题，下边的文案又不能放得太大。

图 2.37　案例 15

这时我们可以通过分散对齐的方式让下面的文字两端贴近文本框，如图 2.38 所示。

图 2.38　修改后的幻灯片（案例 15）

　　综上所述，我们大致可以把幻灯片的排版分为三种情况：如果图片的主体在右边，文本就选择左对齐；如果图片的主体在左边，文本就选择右对齐；如果图片的主体在中间或者没有主体，文本可以选择居中对齐。至于两端对齐和分散对齐可以根据实际情况的需要，任意地运用到以上三种排版方式中，如图 2.39 所示。

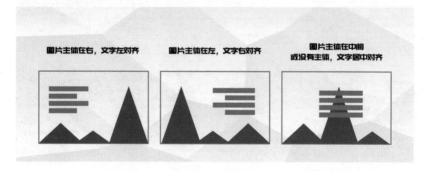

图 2.39　三种排版方式

2.3.2　让页面更加整齐的技巧

以上是常用的 5 种对齐方式，在 PPT 中我们还可以借助工具，让对齐操作起来更加便捷。

1. 借助参考线

参考线可以保证每个文本框在对齐的同时，还能与页面的边缘保持安全距离。

在"视图"选项中，勾选"参考线"复选框。调出参考线以后，拖曳参考线，就可以改变它的位置。上面的数值就是拖动距离的大小，如图 2.40 所示。

图 2.40　视图中的参考线

如果想添加参考线，按住 Ctrl 键的同时拖动参考线就可以。去掉参考线也很简单，拖住参考线，将它扔向页面的边缘即可。

除此之外，还有一种是动态参考线，通常这项功能是默认存在的（如果没有这项功能，可以在幻灯片的空白处右击，勾选"动态参考线"

复选框就可以调出来）。

　　使用"动态参考线"的好处是，当文本、图片、形状等内容在页面中进行排列时，上、下、左、右就会自动出现红色的虚线，这些虚线可以使内容自动对齐，如图 2.41 所示。

图 2.41　使用"动态参考线"自动对齐文本框

2. 添加线条

　　为文本添加线条也是一种很实用的对齐方法。幻灯片右边的文字使用了居中对齐的方式，虽然整体看起来不乱，但由于文案有的长，有的短，仔细一看也就没那么整齐了，如图 2.42 所示。

　　如果我们给每一个文字都加上同样的线条，就会发现页面看起来会更有秩序感，如图 2.43 所示。

　　相比于参差不齐的文字，6 个等长的线条在视觉上给人一种整齐划一的感觉。加上线条之后的文字由之前的"线"变成了现在的"面"，视觉上也会更加丰富。

3. 添加形状

　　让页面设计变得有秩序的方法不只是添加线条，还可以添加形状。

图 2.42　案例 16

图 2.43　添加线条后的幻灯片（案例 16）

这个形状可以是长方形、正方形、圆角矩形，也可以是其他不规则形状。使用形状的目的就是使内容在视觉上变得更加统一。

下面这页幻灯片为文字内容添加了统一的圆角矩形，圆角矩形的一致性营造了很强的秩序感，如图 2.44 所示。

图 2.44　添加形状的幻灯片（案例 16）

　　再来看下面这页幻灯片，幻灯片的页面上使用了居中对齐。三段文字的长度各不相同，长短不一的段落更是给人一种零散的感觉，如图 2.45 所示。

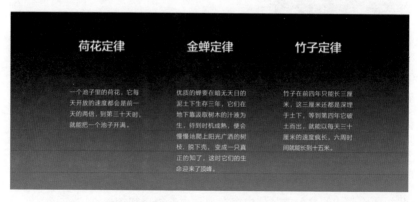

图 2.45　案例 17

我们为它加入形状，将长短不一的段落放置在矩形中。这样再看，视觉上就会有一种整齐统一的感觉，段落的不同也不再受到影响，如图 2.46 所示。

图 2.46　添加形状的幻灯片（案例 17）

2.4　重复性给人留下深刻印象

看到一个字母 M，你可能会想到麦当劳，看到"红底白线条"的图案，你可能会想到可口可乐。有没有想过，为什么一个简单的符号就能让人联想到某个品牌？

这些品牌常年来在自己的产品、广告、公关活动中延续统一的视觉风格。它们不断重复出现，以此加深受众群体的印象。久而久之，在人们的头脑中形成了记忆。这就是重复性带来的蝴蝶效应。

那么，什么是重复性呢？就是让某个视觉元素在幻灯片中反复出现。可以是颜色、形状、字体、图片……也可以是某种设计风格。通过重复性，让不同的元素组合成一个完整统一的内容。

2.4.1　视觉上整齐划一

我们先来看下面这个案例，这页幻灯片在颜色、字体、字号上都没有做到视觉上的统一，看起来好像"车祸现场"，如图 2.47 所示。

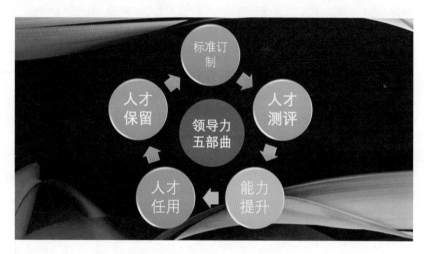

图 2.47　案例 18

首先为这页幻灯片卸妆，去掉背景图，并为圆形统一配色。如果没有特殊强调，同一层级的元素应当采用相同的配色，如图 2.48 所示。

图 2.48　统一配色

接下来要统一字体和字号，确保同一层级的内容使用相同的字体、字号、粗细，如图 2.49 所示。

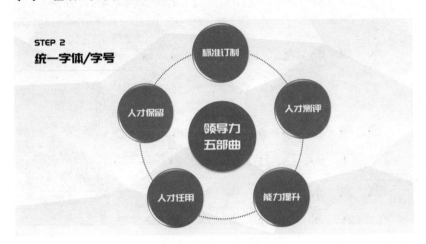

图 2.49　统一字体 / 字号

再统一效果，保证所有的效果相同。这里的效果是指轮廓、阴影、柔化边缘、棱台等，如图 2.50 所示。

图 2.50　统一效果

最后再为这页幻灯片添加一张背景图就可以了，如图 2.51 所示。

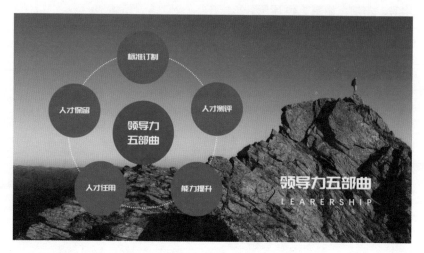

图 2.51　添加背景图

　　再来看一个案例，这页幻灯片第一眼看上去还不错，进行了亲密性的区分，也做了很好的对齐。但是字号差异较大，整体页面给人一种素颜的感觉，如图 2.52 所示。

图 2.52　案例 19

　　这里应该如何修改呢？既然标题中提到了"一天"的时间概念，我们可以利用重复性原则，借助线条和空心圆这样的常见图形在幻灯片中重复使用。形象地勾勒出一条时间轴，以此表达"一天"的时间概念，如图 2.53 所示。

图 2.53　修改后的幻灯片（案例 19）

2.4.2　风格上一脉相承

　　重复性原则除了应用在视觉元素上形成统一，在整体的风格上也要形成统一。统一的设计风格可以将每一页幻灯片连在一起，从而增强整个 PPT 的连贯性。

　　你能想到下面的几页幻灯片是在讲述同一个主题内容吗？如图 2.54所示。

　　如果换成统一风格的幻灯片，相信不用你说话，观众就已经默认它们在讲述同一个主题了，如图 2.55 所示。

　　视觉上的重复，能让页面产生关联，让观众形成记忆。所以，不仅要在单页的幻灯片上注意使用重复性，在整个 PPT 的风格上也要保持统一。

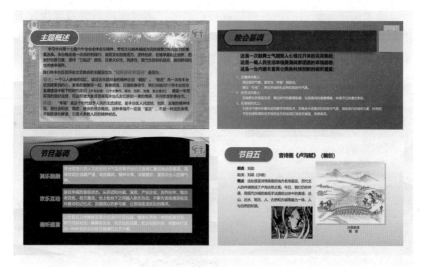

图 2.54　案例 20

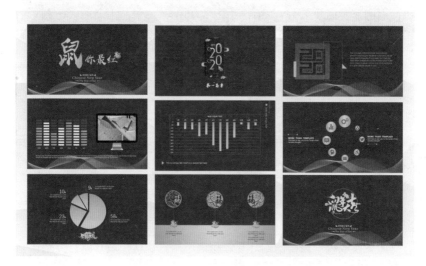

图 2.55　风格统一的幻灯片

那么，如何借助 PPT 中的工具更好地践行重复性原则呢？在 PPT

中提供了两个实用工具：一个是母版；另一个是缩略图。

在"视图"选项中选择"幻灯片母版"选项，就进入母版编辑状态。默认情况下，左边只有一个母版，每个母版共有 11 个版式。只要在第一页的母版中插入一张背景图，后面的所有版式就会自动生成统一的模板，如图 2.56 所示。

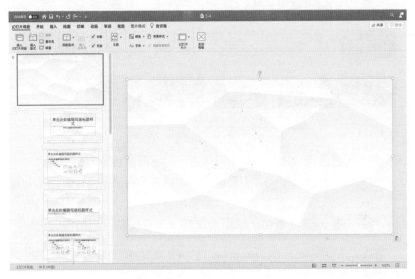

图 2.56　幻灯片母版

使用"幻灯片母版"选项功能可以统一模板，使用"幻灯片浏览"选项功能则可以检查幻灯片的整体风格和逻辑顺序。同样，在"视图"选项中选择"幻灯片浏览"选项，我们就可以一目了然地浏览整套幻灯片了，如图 2.57 所示。

作为一个策划人，通常会在撰写完 PPT 后，通过"幻灯片浏览"功能检查一下方案的逻辑顺序。尤其演讲之前，建议打开这个选项功能，它可以在最短的时间内帮助你理清思路。

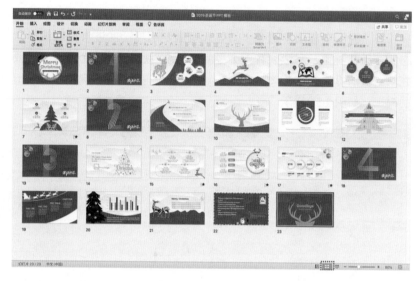

图 2.57　幻灯片浏览

随　堂　小　考

关注公众号（ID：gouppine），回复关键字"随堂小考"。在文件中找到文件名称为"2"的 PPT 做课后练习。

2.5　小　　结

到目前为止，就把设计的四大原则讲完了。我们来简单回顾一下，如图 2.58 所示。

亲密性原则，是将相关的内容放在一起，这样一来，有关系的内容被看作一个整体，从而给观众一种清晰的信息分类。

对齐性原则，任何元素的摆放都是有目的的，它们应该与页面上的

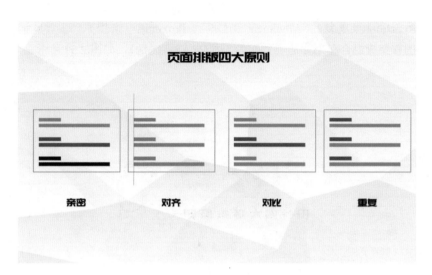

图 2.58　幻灯片设计四大原则

其他元素有空间上的联系，虽然看不到，但是好像始终有一条线将它们联系在一起。

对比性原则，要吸引观众看到页面上的主要信息，制造焦点。可以通过字体、大小、颜色等方式形成对比。但要记住：如果两个元素想要形成对比，就应当使之不同，并且截然不同。

重复性原则，可以理解为设计的统一性。利用某些元素的重复使用，让整个设计达到统一的风格，从而实现幻灯片的完整性。

设计中的四个原则各执其责，彼此的作用也不尽相同。如果每个原则用一句话归结起来就是：亲密性，组织清晰的内容结构；对比性，突出重点的信息内容；对齐性，创造精致的视觉平衡；重复性，实现整体的视觉统一。

在设计 PPT 时，我们往往采用的原则不止一种，而是四种原则的综合应用。要知道，一个好的页面设计，亲密性、对齐性、重复性和对比性往往都是相辅相成的，而不是孤立存在的。

现在，我们再回顾一下设计的四个原则：Contrast（对比）、

Repetition（重复）、Alignment（对齐）、Proximity（亲密）。每个单词的首字母组合起来就是一个英文单词 CRAP（废话），如图 2.59 所示。

图 2.59　设计的四个原则组成的英文单词

不过，这四个原则绝对不是废话，而是实实在在对你有用，可以帮助你在短时间内获得最大进步的金玉良言。尤其在实际操作的过程中，我们面对的情况可能是千变万化的。但只要建立一套思维准则，就可以应对日常工作中的各种问题。

最后，我想说的是，不要把"设计"看得太严肃、太复杂。每一套知识体系的背后都有一套可遵循的思维逻辑。只要遵循这四个原则，你也能制作出优秀的 PPT 设计作品。

图片是奠定 PPT 基础设计的重要神器

有一本书，里面没有一个文字，全部由各类标识和符号组成，如图 3.1 所示。

有趣的是，无论读者是什么国籍、年龄、文化、教育背景，人们仅凭借上面的符号就可以完全读懂它，所谓"一图胜千言"说的就是这个道理。

图 3.1　全部由各类标识和符号组成的书籍

在 PPT 设计中，不可或缺的重要元素之一莫过于图片。可以说，一张图片往往比大段的文字更具有吸引力和说服力。有研究表明：在当今互联网时代，90% 的信息通过视觉的方式传递到大脑，并且传递的速度是文字的 6 万倍，视觉带来的影响力可见一斑。

3.1　好看的 PPT 从选对背景开始

说到图片，很多人的第一个反应是图像、插画。实际上，有纹理的、纯色的、渐变色的图案都可以称为图片。我们先从容易被大家忽视的背景图片讲起。

背景图在 PPT 中起着举足轻重的作用。未必人人都会注意到它的存在，但是 PPT 的风格，以及 PPT 中涉及的图片、文字、图标、图表的配色通通由它决定。背景图决定了 PPT 的底色，更决定了 PPT 的气质。

PPT 的背景大致分为 4 种：纯色背景、渐变背景、纹理背景、图片背景，如图 3.2 所示。

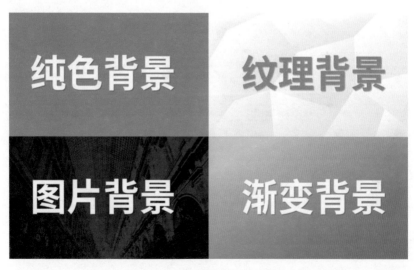

图 3.2　PPT 背景的 4 种类型

3.1.1　纯色背景的使用技巧

　　纯色背景是 PPT 中最常见的背景，使用这种背景的好处是能让幻灯片看起来更加简洁。很多知名的大公司都比较钟情于纯色的背景。

　　但是纯色背景也有它的局限性。如果强行把几种颜色放在一张纯色背景上，只会给人一种眼花缭乱的感觉，如图 3.3 所示。

图 3.3　纯色背景使用不当的效果

　　如果你真的这么“好色”，喜欢把多种颜色混搭在一起，又怕搞出车祸现场，建议使用黑白灰这三种背景色，它们属于中性色，也称为高级色，可包容一切色系，如图 3.4 ～图 3.6 所示。

图 3.4　纯白色背景幻灯片

图 3.5　深灰色背景幻灯片

图 3.6　纯黑色背景幻灯片

　　纯色背景也有它的硬伤，如果设计排版不当，页面会显得比较单调，给人一种素颜的感觉，如图 3.7 所示。

图 3.7　纯色背景略显单调

　　如何使用纯色背景还不显单调呢？你可以通过调节文字的透明度，给纯色背景添加水印效果，这样会让页面看起来丰富一些，如图 3.8 所示。

图 3.8　添加水印的纯色背景

或者为页面添加关联的视觉元素。书法的字体很容易让人联想到笔墨，这让页面看起来也变得生动些，如图 3.9 所示。

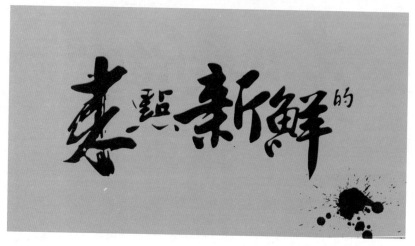

图 3.9　添加水墨元素的纯色背景

3.1.2　渐变背景的使用技巧

渐变是一种有规律的颜色变化，给人带来强烈的节奏感和审美情趣。很多比较高级的幻灯片都比较喜欢使用渐变背景，如图 3.10 所示。

不过，由于渐变色比较难把握，弄不好就会变成土洋结合。最简单的方法就是直接到渐变素材的网站下载图片，素材的网址会在后面的内容中讲到。

除此之外，教大家两个可以自己手动调节渐变色的方法，这两种方法对调节字体的颜色也同样适用。

第一种方法：借助取色器。

Step 1：插入一个矩形的形状铺满页面作为背景使用。找到一个渐变的图片作为吸取颜色的范本。

Step 2：选中形状，右击，在弹出的快捷菜单中选择"设置背景格

图 3.10　原宿风渐变背景

式"选项，在右侧弹出"设置背景格式"设置框，在"填充"选项组中选中"渐变填充"单选按钮。为了操作简单，在下方的"渐变光圈"选项中保留两个光圈就可以，如图 3.11 所示。

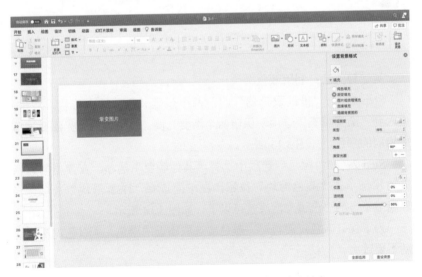

图 3.11　Step 2 操作示意图（第一种方法）

Step 3：选中第一个光圈，在"颜色"选项中选择"其他颜色"。在弹出的对话框中有一个吸管工具，选中"吸管"吸取渐变图上方的颜色。第二个光圈重复一样的动作，只是这一次吸取渐变图上的颜色不同，如图 3.12 所示。

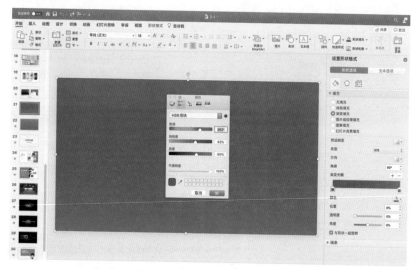

图 3.12　Step 3 操作示意图（第一种方法）

第二种方法：利用颜色滑块。

Step 1：与"借助取色器"的前两个步骤一样，选中形状，右击，进入到"渐变填充"选项，保留两个渐变光圈。注意，两个光圈要调节成相同的颜色，如图 3.13 所示。

Step 2：在"颜色"选项中选择"其他颜色"选项，在弹出的对话框的顶部单击"颜色滑块"按钮，在下面选择"HSB 滑块"选项。轻轻调节下方的"色调"滑块就可以了，如图 3.14 所示。

为了保证颜色过渡自然，颜色要选取临近的颜色，所以色调滑块滑动不要过大。

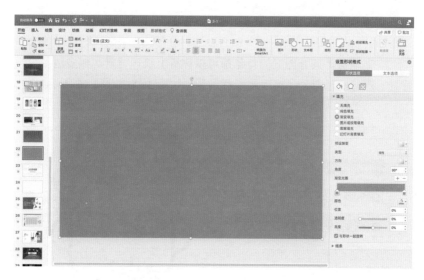

图 3.13　Step 1 操作示意图（第二种方法）

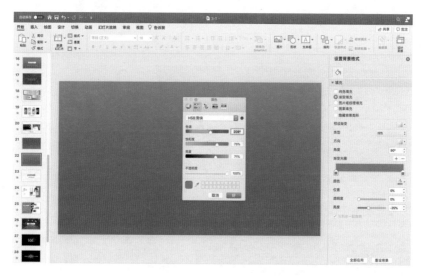

图 3.14　Step 2 操作示意图（第二种方法）

3.1.3　纹理背景的使用技巧

广义地讲，拥有图案的背景都可以称得上纹理背景。如多边形纹理背景、图标纹理背景、磨砂纹理背景等，如图 3.15 和图 3.16 所示。

图 3.15　多边形纹理背景

图 3.16　图标纹理背景

另外，PPT 自带了纹理图案，个人感觉不够美观，很少会用，如图 3.17 所示。

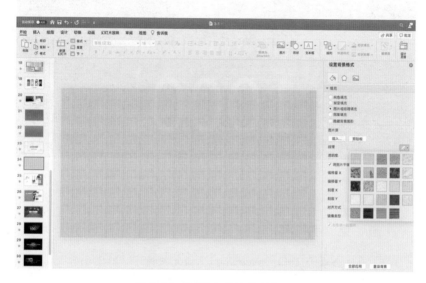

图 3.17　PPT 自带的纹理背景

3.1.4　图片背景的使用技巧

越来越多的 PPT 工作者开始摒弃母版，直接将图片作为背景使用。这样使用不仅美观大方，还起到"一图胜千言"的效果。

很多的发布会都比较喜欢使用图片背景。一张符合 PPT 主题的图片，可以起到画龙点睛的作用，如图 3.18 所示。

在选用幻灯片背景的时候，我们还要注意以下几点：

（1）选择的背景图一定跟主题相关，还是那句话"一切从内容出发"。

（2）幻灯片的背景不能干扰内容，它只是起到一种衬托主体的作用，不可喧宾夺主。

（3）背景图应当尽量保持风格一致，这也是重复性原则的体现。

图 3.18　图片背景幻灯片

随 堂 小 考

关注公众号（ID：gouppine），回复关键字"随堂小考"。在文件中找到名称为"3-1"的 PPT 做课后练习。

3.2　如何做到图片与内容精准匹配

在 PPT 中，一张优质、契合主题的图片，可以抵得上千言万语。最好的幻灯片往往都是图文并茂的。

相信很多人都有体会，做 PPT 花费时间最多的往往不是排版，而是挑选契合主题的图片。这里有两种图文精准匹配的方法推荐给大家：一种是提取文案中的关键词；另一种是感受文案中的情绪。

3.2.1　提取文案中的关键词

根据主题或者一段文案提取关键词，去匹配相应的画面，这样可以针对性地展示文案的重点内容。

文案中的关键词又分为两种：一种是具象词汇；另一种是抽象词汇。

（1）具象词汇指的是那些具体的、能和实物联系起来的词汇。例如，手机、计算机、手表……直接在搜索框输入这些关键词就可以搜索出对应的图片。看到"一叶孤舟，一抹夕阳"这样的文案，我们很自然地就会想到夕阳下的一叶扁舟的画面，如图 3.19 所示。

图 3.19　使用具象词汇搜索图片

这些文案都很直观，文案里的关键词都是直接给的。找图的时候也很简单，直接搜索这些关键词就可以。

（2）抽象词汇。抽象是从众多的事物中抽取出共同的、本质性的特征。例如，我们要做一个"企业愿景"的幻灯片，但是"愿景"是一个很抽象的概念，想在搜索网站找到表达"愿景"的图片可没那么容易。

现在我们应该换一种思路，使用一些与愿景相近的词，如愿望、追求、梦想、未来等。将这些近义词称为"一级词汇"。这时就可以搜索出一些不错的图片，如图 3.20 所示。

如果在一级词汇中还不能找到满意的图片，这个时候我们就可以进一步地发散思维。

图 3.20　一级联想词的图片

　　"愿望、梦想、未来"意味着要去向远方，为目标奋斗，获得成功。而"远方"是不是可以用"道路""星空"代替？"目标"和"成功"是不是可以用"乘风破浪""伫立巅峰"代替？我们将这些转化的词称为"二级词汇"，如图 3.21 和图 3.22 所示。

图 3.21　由"远方"转化为"道路"的图片

图 3.22　由"目标"转化为"伫立巅峰"的图片

其实,这些二级词汇都是一些具象的、有场景画面的词汇。我们只是将一级抽象的词汇具体化了。通过这些二级的联想词,可以轻松地找到非常优质的图片。

通过"愿景"这个词发散出很多联想的关键词。而这些关键词在搜图中发挥了巨大作用,如图 3.23 所示。

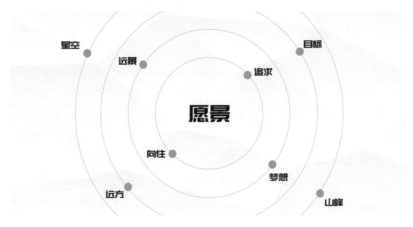

图 3.23　由"愿景"引发的联想词汇

我们再来看一个案例，给出一个让所有人又爱又恨的词汇"大气"，你会联想到什么？

- 一级联想词：宏伟、盛大、磅礴、雄伟、气势如虹。
- 二级联想词：宇宙、星空、山峦、雄伟建筑、地平线、海岸线。

可用的图片是不是就很多了，如图 3.24 所示。

（a）（b）（c）（d）

图 3.24　与大气有关的图片

3.2.2　感受文案中的情绪

在文案创作中，"情绪"是一个容易让人产生共鸣的切入点。例如，前段时间比较流行的"丧文化"就击中了很多年轻人的内心。感受文案中的情绪，给文案匹配相应的情绪画像也是一种不错的搜图方法。

从如图 3.25 所示的这句文案里你读出了什么样的情绪？

文案传递的是坚定，是憧憬，是对未来美好生活的向往。这些关键词自然而然就出现了，图片也很容易找到，如图 3.26 所示。

未来有多美，我不知道。美会更有未来，我确定。
就算漂也要漂亮地漂。

图 3.25　文案示意 1

图 3.26　通过感受情绪搜索图片 1

从这句文案里你有没有读出作者的一点欣慰，一点小确幸，如图 3.27 所示。

图 3.27　文案示意 2

　　我们匹配一张主人公尽管历经生活的洗礼，却依然故我的乐观心情，如图 3.28 所示。

图 3.28　通过感受情绪搜索图片 2

　　另外，我们也可以从文案中的标点符号读出不同的情绪。

　　从感叹号中不难看出，作者想要表达的是惊讶的表情，如图 3.29 所示。

图 3.29　通过感叹号搜图

从问号中可以看出，主人公的疑问和小骄傲，如图 3.30 所示。

图 3.30　通过问号搜图

表情类图片是一种很有戏剧性和感染力的素材。只要能从文案中抓住某种情绪，匹配的图片定能够吸引观众的注意。

随 堂 小 考

关注公众号（ID：gouppine），回复关键字"随堂小考"。在文件中找到名称为"3-2"的 PPT 做课后练习。

3.3　免费高清的图片去哪里下载

前面我们说过，制作 PPT 最花费时间的往往不是排版，而是寻找素材。一张高质量的图片可以让 PPT 更加出彩。

那么我们该去哪里找高质量的图片呢？接下来，推荐几个实用的素材网站。

1. Pixabay

Pixabay 是一个免费高质量的图片素材网站（https://pixabay.com）。这里有 100 多万张免费的图片、矢量文件和插画，还支持中文检索。很多设计师都在这里搜索图片，算得上是业界的良心产品了，强烈推荐，如图 3.31 所示。

图 3.31　Pixabay 网站

2. Pexels

Pexels 也是一个免费高品质的图片下载网站（https://www.pexels.com）。该网站每周都会更新，所有的图片都会显示详细的信息。下载时可以根据图片不同的尺寸大小进行下载，如图 3.32 所示。

图 3.32　Pexels 网站

3. 觅元素

觅元素是一个国内的免抠图网站（http://www.51yuansu.com/），这里提供了免抠图的视觉元素和背景图两种图片类型，是我最常用的网站之一。非会员每天限制下载 4 张图片，如图 3.33 所示。

4. Smartmockups

Smartmockups 是一个样机生成网站（http://smartmockups.com/），它可以把任何图片或在线图片无缝融合到特定的使用场景中。这里提供的图片以手机、平板电脑、笔记本、台式机为主，如图 3.34 所示。

5. Uigradients

Uigradients 网站（https://uigradients.com）收录了非常多的渐变色图片。你可以根据自己风格来选择搭配，还可以获得对应渐变色的 CSS 代码，使用起来相当方便，如图 3.35 所示。

图 3.33　觅元素网站

图 3.34　Smartmockups 网站

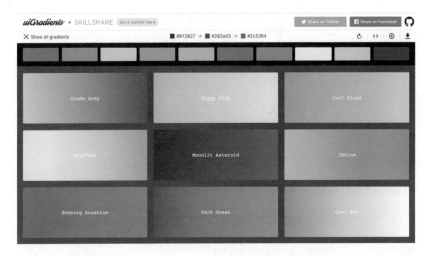

图 3.35　Uigradients 网站

6. Flat Surface Shader

Flat Surface Shader 是 一 个 Lowpoly 背 景 在 线 生 成 网 站（http://matthew.wagerfield.com/），可以任意更改上面的参数，如更改颜色，就可以一键生成大气感十足的背景图。导出也非常方便，直接选择 Export 选项，然后选择"图片另存为"选项就可以了，如图 3.36 所示。

图 3.36　Flat Surface Shader 网站

Lowpoly 又叫作低面背景。它是把多色元素用三角形分割，是一种比较流行的设计风格，在 PPT 的背景图中使用较多。

7. 官方网站

对于很多在乙方工作过的人或多或少都被客户吐槽过：图片不够美观，图片要高大上……

去哪里找客户想要的高大上图片？告诉你一个屡试不爽的方法，到客户的官方网站下载图片。

客户的官网上的图片都是聘请的顶级设计师设计的，设计感强，素材质量又高。即使不够美观，客户也不会打自己的脸说不好看，这绝对是一种安全高效的方法，如图 3.37 所示。

图 3.37　官方网站

图片素材的使用还需要注意以下几点：

（1）图片要保证高质量。

（2）图片不要有水印和网站标识。

（3）要注意图片的版权使用，大多数网站的图片不支持商用。

（4）从内容出发，使用的情境要契合主题内容。

以上只是众多优秀素材网站的部分内容，想要获取更多，可以关注我的公众号（ID：gouppine）在"全素材库"中获取。

3.4　三种经典的图片排版方式

如果把 PPT 的制作过程比喻成烹饪美食，那么素材网址就是告诉你到哪里买新鲜又好吃的蔬菜，图文匹配就是在教你搭配菜系，图片排版就是最后的烹饪料理了。这一步非常重要，如果没做好，前面的步骤都是徒劳。

在这里，为你推荐三种经典的图片排版方式。

3.4.1　全图式设计

越来越多的 PPTer 喜欢用一张大图充当背景使用。究其原因，这和幻灯片的演示场景有关。

想象一下，在做幻灯片演示的时候，投影的幕布可能是一整面墙。如果在大型的舞台，那么 LED 屏甚至有十几米宽。此时，一张完整的大图带给现场观众的视觉冲击力是震撼的。

所以，如果图片足够清晰，文案又比较精练，一张图铺满整个页面是一个不错的选择，如图 3.38 所示。

图 3.38　一张图铺满整个页面

前面推荐了下载图片的网站，但是在实际应用中也会状况不断。要么图片亮度太高，画面太过丰富，文字放上去看不清楚；要么图片尺寸和页面不匹配，影响审美。

这里推荐两种升级图片的方法。

1. 添加蒙版

蒙版就是在图片上添加一层有透明度的"形状"，达到一种弱化背景、突出主题的效果，如图 3.39 所示。

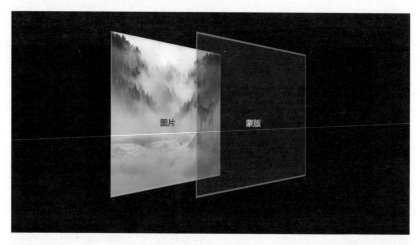

图 3.39　添加蒙版

例如，背景色与字体颜色相近，使得文字看起来不够明显，如图 3.40 所示。

在图片的上方添加一个矩形的形状，将其填充为深灰色。右击，在弹出的快捷菜单中选择"设置形状格式"选项，在右侧弹出"设置形状格式"设置框，然后在"形状选项"选项卡中选中"纯色填充"单选按钮，调节下方的"透明度"标尺，即可实现蒙版的效果，如图 3.41 所示。

增加了蒙版的背景图，文字清晰可见，如图 3.42 所示。

当然，绘制蒙版的方法不止一种，还可以通过调节渐变色添加蒙版。

图 3.40　背景色与字体颜色相近的效果

图 3.41　调节颜色透明度绘制蒙版

　　在图片的上方添加一个矩形的形状，将其填充为深灰色。右击，在弹出的快捷菜单中选择"设置形状格式"选项，在右侧弹出"设置形状格式"设置框，在"形状选项"选项卡中选中"渐变填充"单选按钮，渐变方向根据图片的实际情况调节（这里是线性向右）。

图 3.42　调节颜色透明度绘制出的蒙版

　　为了方便操作，只保留 2 ~ 3 个渐变光圈即可。左边的渐变光圈透明度为 100%，右边的渐变光圈透明度调整为 0%，中间的渐变光圈可以比对着图片适当调节，如图 3.43 所示。

图 3.43　调节渐变色绘制蒙版

通过调节渐变色绘制出来的蒙版，让画面和文字互不影响，各显所长，如图 3.44 所示。

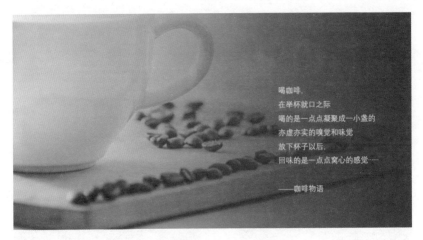

图 3.44　调节渐变色绘制出的蒙版

蒙版的运用还有更多的技巧。例如，直接在幻灯片上添加一个色块，如图 3.45 所示。

图 3.45　矩形色块蒙版

当然，蒙版的形状并不局限于矩形，也可以是其他不同的形状，如图 3.46 所示。

图 3.46　异形色块蒙版

2. 复制＋裁剪

插入图片时，还有一种状况也是比较常见的：图片尺寸与页面比例不匹配，如果对图片强行拖曳，图片就会变形，从而导致图片中的主体内容跟着变形；如果对图片放大再裁剪，也会裁剪掉图片上的内容，如图 3.47 所示。

面对这样的情况，需要做的就是"复制＋裁剪"。

将图片复制一下放在第一张图片上方，并与之完全重叠。在"图片格式"菜单中选择"裁剪"选项，将裁剪剩余的图片尽量保持同一颜色。然后，再将裁剪剩余的图片拉伸到页面边缘即可（右侧的空白区域也是同样的操作），如图 3.48 所示。

通过"复制＋裁剪"的方法补齐了页面的空白部分。要注意的是，在裁剪过程中要避开图片上的主体内容，避免在拉伸时主体内容跟着变形，如图 3.49 所示。

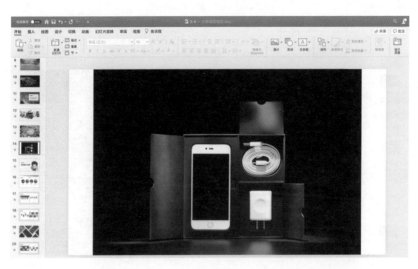

图 3.47　图片尺寸与页面比例不匹配

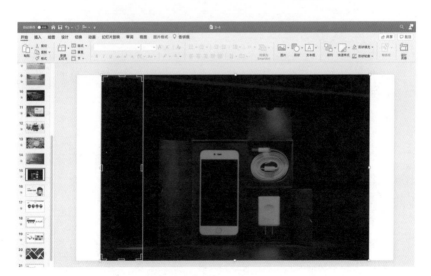

图 3.48　"复制 + 裁剪"的方法

图 3.49 "复制 + 裁剪"的图片天衣无缝

3.4.2 分屏式设计

信息量很大，内容又很多，而且不能拆分成多个幻灯片页面，你会怎么处理？不妨试试分屏式设计。

什么是分屏？直观地理解就是打破传统的"一个页面就是一页幻灯片"的刻板印象，将一页幻灯片分成两个或多个区域。

制作信息量比较大的幻灯片，难点就在于页面的布局。而分屏式设计可以很好地解决这一问题。它能有效地从形式上将信息分类，减轻人们的认知负担。

1. 二等份分屏

最常见的分屏就是左右分屏，就像一本摊开的书，有左右两页。两个区域既可以表示并列关系，也可以表示对比关系或递进关系。

两个区域呈现出并列关系的两个观点，如图 3.50 所示。

当然，分屏不仅局限于左右，还可以上下分屏，如图 3.51 所示。

图 3.50　左右分屏

图 3.51　上下分屏

2. 多数量分屏

分屏可以是不同数量、不同比例的。分屏的数量越多，所能容纳的信息也越多，如图 3.52 所示。

图 3.52　三等份分屏

　　但是分屏太多，分得太细也有它的弊端。每块内容的排版会受限，每块内容所承载的信息量也会受限，观众的注意力也会被分散。所以分屏还是要根据实际内容量力而为，如图 3.53 所示。

图 3.53　四等份分屏

3. 跨屏式分屏

跨屏设计指的是文字、形状等内容横跨于两屏之间。两块屏并没有完全地独立，而是存在一定的联系（其中一块屏一般作为一个背景装饰使用）。

用一个透明的色块覆盖在图片的上方，就实现了图片在两个区域之间的跨屏，如图 3.54 所示。

图 3.54　图片跨屏

文字横跨于页面的两个区域之间，如图 3.55 所示。

3.4.3　场景还原式设计

所谓场景还原，就是根据要展示的内容，想象它可能出现的场景。然后借助图片还原这个场景，让观者有一种沉浸式的感官体验。

例如，通常我们在展示公司荣誉时会摆放一些奖牌、奖章。想象一下，这些奖牌会放在哪里？墙壁或壁柜。

插入一张墙壁的图片，营造一种"荣誉墙"的场景体验（下方的"木板"用 PPT 自带的"三维格式"和"三维旋转"完成，感兴趣的同学可以到我的公众号学习，这里不展开讲解），如图 3.56 所示。

图 3.55　文字跨屏

图 3.56　荣誉墙场景还原

　　如果要展示公司的发展历程，可以将公司的成长看作是"攀登高峰"的过程。找到一张山峰的图片，将每个重要的时间节点放置在山峦凸起的地方，如图 3.57 所示。

图 3.57　登峰场景还原

虽然"全图式设计"和"场景还原式设计"都是借助一张图片铺满页面充当背景，但作用截然不同。前者作为辅助内容，起到信息提示的作用；后者讲求内容融入图片，还原场景。这里的图片和内容融为一体，不可分割。

随 堂 小 考

关注公众号（ID：gouppine），回复关键字"随堂小考"。在文件中找到名称为"3-4"的 PPT 做课后练习。

3.5　小　　结

根据本章的内容，我们用思维导图归纳一下知识脉络，如图 3.58 所示。

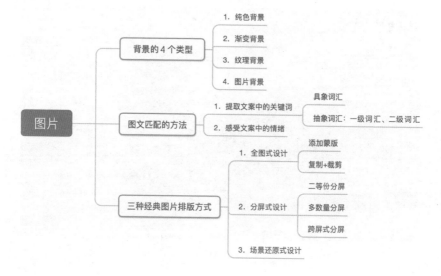

图 3.58　知识脉络

形状才是 PPT 中的最佳配角

在 PPT 中，很多元素都有很高的辨识度。例如，文字、图片、图表、图标这些元素本身就包含各种信息，通过这些元素我们可以直观地理解它们所要表达的含义。

幻灯片以图片作为背景，图标作为分类信息，文字作为补充说明。其中的每一个视觉元素都在传递与"工作"相关的信息。我们将这些可以传递有效信息的元素称为"信息元素"，如图 4.1 所示。

图 4.1　包含信息元素的幻灯片

在 PPT 中，"形状"与这些信息元素不同，本身无法传递有效的信息，我们称之为"辅助元素"。它可以辅助文字或者图片传递信息，起到装饰页面、连接信息的作用。

"形状"虽然不能直观地传递信息，但是由形状组合而成的图标、图表等信息元素却可以传递信息，我们常见的图标就是由若干个"形状"组合而成，进而表达具体的含义，如图 4.2 所示。

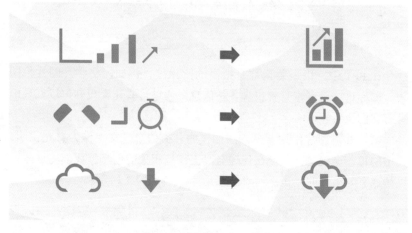

图 4.2   由形状组成的图标

不夸张地说，"形状"在 PPT 中一直充当着千年老二的角色。如果要给 PPT 颁发一个"奥斯卡"奖项，"形状"是当之无愧的最佳配角。

4.1   形状在 PPT 中的作用

在 PPT 中，我们可以将形状的作用大致分为 4 种：美化页面、突出重点、连接信息和分隔区域。

4.1.1   美化页面内容

美化页面作为形状在 PPT 中最基础的功能，无时无刻不发挥着重要的作用。由于形状是 PPT 自带的工具，好处就是随拿随用，而且延展性极好。无论你如何拖曳，画面都不会模糊。

我们以常用的矩形为例，看看它如何美化日常工作中的幻灯片。

在设计封面时，很多人喜欢铺一张图片或纯色的底图作为背景，如果只配上标题文字，画面多少会显得有些单调。

可以借助 4 个线条绘制一个开口的矩形，将标题文字放在矩形的开口处，在视觉上给人一种冲破窗口的感觉，整个画面看起来也不会显得那么单调。像这样，简单地运用 4 个线条绘制窗口，在幻灯片的封面设计上是比较常见的，如图 4.3 所示。

图 4.3　使用矩形美化的封面

借助矩形还可以美化内容页。以常用的人物介绍为例，绘制一个矩形的轮廓放置在人物图片的底部（这里的人物图是 PNG 格式，如果不是 PNG 格式，可以按照上述的方法用线条绘制矩形），并将人物刻意地压在矩形的轮廓上，会给人一种冲破边框的视觉感受，如图 4.4 所示。

除了矩形外，使用圆形及多边形等形状美化幻灯片的方式数不胜数，只要形状使用得恰当，画面和谐美观，用形状美化页面总能让你的幻灯片设计脱颖而出，如图 4.5 所示。

图 4.4　使用矩形美化的内容页

图 4.5　圆形和多边形的综合应用

4.1.2　强调重点信息

　　当背景画面的内容比较丰富或亮度比较高时，可以试试在文字的下方添加一个色块。这样做既可以与背景图有所区分，同时又可以突出内容的重点信息。相信这样的设计技巧一定不陌生，这和前面讲过的"添加蒙版"是一样的道理，如图 4.6 所示。

图 4.6　利用色块强调信息

利用色块强调信息还可以用到不规则的形状。在幻灯片的中间位置添加一个便利贴样式的形状，当观众第一眼看到幻灯片时，会被中间的便利贴所吸引，如图 4.7 所示。

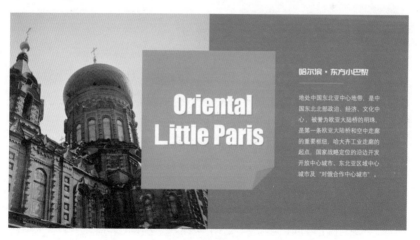

图 4.7　利用不规则形状强调信息

使用形状叠加的效果让形状的颜色和样式与其他形状产生差异，从而让页面看起来既有层次，又对比鲜明，如图 4.8 所示。

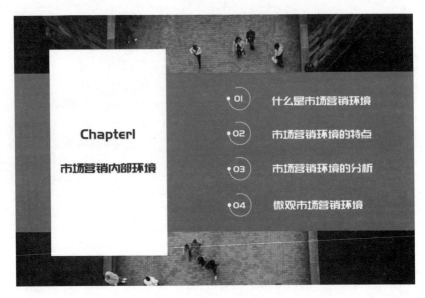

图 4.8　利用形状叠加产生的差异性强调信息

4.1.3　表达逻辑关系

　　在形状里，箭头总汇、公式形状、流程图、星与旗帜、标注等形状都可以起到连接信息的作用。借助这些形状，可以有效地建立幻灯片内容的结构，让观众瞬间明白你要表达的逻辑关系。

　　虚线的方框将决赛的一系列赛事联系在一起，利用两个箭头的形状表示整个赛制进程。看到这里，不需要多作解释，你是不是秒懂赛制规则了，如图 4.9 所示。

　　借助形状中的线条构建起一条时间线也是常用的方法。在幻灯片中用线条把若干个时间信息连接起来，这就让形状很好地发挥了连接信息的作用，如图 4.10 所示。

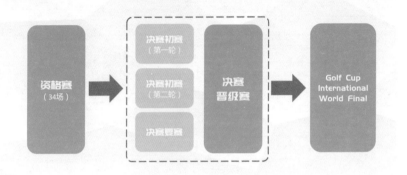

图 4.9 箭头表示的递进关系

图 4.10 线条构筑的时间轴

PPT 中有一个自带的图形工具 SmartArt。在 SmartArt 中提供了 8 种图文类型的展示工具，包括列表、流程、循环、层次结构、关系、矩阵、棱锥图和图片，如图 4.11 所示。

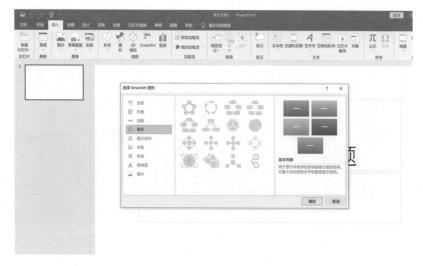

图 4.11　SmartArt 图形功能

如果说图表是数字的可视化工具，那么 SmartArt 就是文字的可视化工具。它可以很好地梳理逻辑关系，最重要的是可以将文字一键生成图形，可谓"懒人神器"。

我们选中一段文字，在"开始"菜单下，选择"转换为 SmartArt"选项。此时会出现一些常用的图形关系。如果这里没有适合文字逻辑的图形，可以选择下面的"其他 SmartArt 图形"选项，会弹出 SmartArt 图形的窗口，供你自由选择图形，如图 4.12 所示。

想要把 SmartArt 图形转回文本也很简单，只需要在"SmartArt 设计"菜单下选择"转换为文本"选项即可。

文字一键转换 SmartArt 虽然简单，但是默认生成的图形总是不尽如人意。尽管在"SmartArt 设计"菜单下可以调节颜色和样式，却总是脱离不了一股乡土气息，如图 4.13 所示。

所以，我们就要自己动手加工一下，应用设计四原则改变一下字体、颜色，添加一张背景图等，如图 4.14 所示。

图 4.12　SmartArt 图形选项

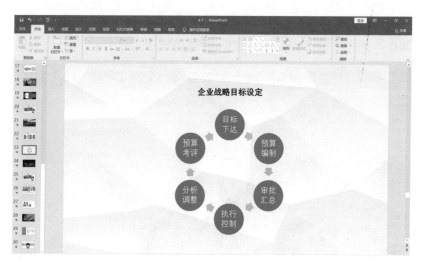

图 4.13　文字一键转换为 SmartArt

图 4.14　修改后的幻灯片（文字一键转换为 SmartArt 的图）

　　SmartArt 除了可以创建文字关系，还可以创建图片关系。我们将插入幻灯片的图片全部选中，在"格式"菜单下选择"图片版式"选项，选择其中的版式类型就可以一键生成图片版式了，如图 4.15 所示。

图 4.15　图片一键转换为 SmartArt

同样，我们需要将转换为 SmartArt 的图形稍做修饰，如图 4.16 所示。

图 4.16　修改后的幻灯片（图片一键转移为 SmartArt 的图）

SmartArt 选项功能尽管在设计上不够给力，但是它提供了多种逻辑关系的图形，而且一键生成的功能也节省了制作时间。总的来说，SmartArt 还是相当实用的。

4.1.4　建立信息分类

借助形状分隔幻灯片页面的区域和前面讲过的分屏式设计是一样的道理。都是借助色块将幻灯片分为两个或多个区域，起到信息分类的作用。

借助色块将幻灯片分为两个区域，一个介绍背景情况；另一个介绍详细的操作步骤，如图 4.17 所示。

如同我们在分屏式设计中讲过的，区域的划分可以是多数量的。幻灯片不仅分隔了左右两个区域，在文字的区域还利用了九宫格的方式将图片穿插其中，让页面看起来更加丰富，如图 4.18 所示。

图 4.17　将形状分隔成左右两个区域

图 4.18　将形状分隔成多个区域

4.2　三个实用技巧，让形状成为百变大咖

　　PPT 中默认插入的形状包括线条、箭头、流程图等常用的样式共计173 个。然而，我们认识的形状千奇百怪，数不胜数。看上去默认的这些形状很难满足我们多样化的需求，其实不然。默认的形状隐藏着许多小技巧，可以演化出很多的形状样式出来。

4.2.1　使用形状控点改变形状的形态

　　形状控点作为一个隐藏功能，依附于形状本身。单击圆角矩形，圆角矩形左上方会出现一个黄色的小方块，我们称之为控点。通过拖曳控点，就可以改变圆角矩形的形态，从而演变出圆形或正方形（另外三个形状通过控点同样可以改变形状），如图 4.19 所示。

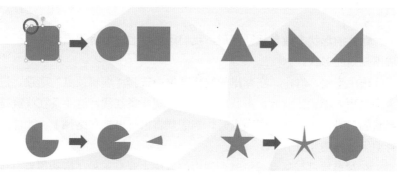

图 4.19　通过形状控点改变形状

PPT 中支持控点调节的形状多达 100 多个。每个形状的控点数量不同，控点越多，图形的可编辑性越强。

　　通过控点调节可以设计出很多创意图形。在表达数字占比的时候，通过调节形状中"同心圆"和"空心弧"的控点可以绘制出一个可视化的图表，如图 4.20 所示。

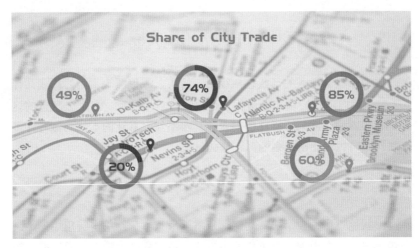

图 4.20　用控点绘制的可视化图表

4.2.2　编辑顶点，创建不规则形状

　　默认的形状多数是规则图形，我们还可以通过编辑顶点将它们改变成不规则的形状。

　　选中形状，右击，在弹出的快捷菜单中选择"编辑顶点"选项，进入编辑顶点模式。此时，形状的边缘会出现 4 条红线，这 4 条红线就是形状的路径。每一次编辑顶点时，都需要将鼠标停置在路径上，才能进行编辑，如图 4.21 所示。

　　在对形状进行顶点编辑时，常用的方法主要有三种：拖动顶点、调节控杆、添加和删除顶点。

图 4.21　进入编辑顶点模式

　　第一种方法是拖动顶点。在编辑顶点的状态下，拖动 4 个顶点中的任意一个，就可以改变它的形状，如图 4.22 所示。

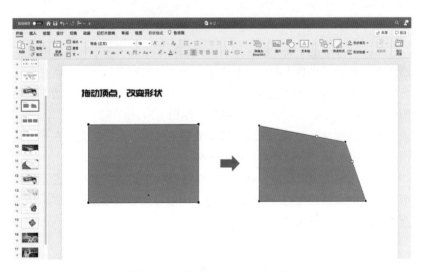

图 4.22　通过拖动顶点改变形状

第二种方法是调节控杆。在编辑顶点的状态下，单击任意顶点，顶点两端会各自出现一个控杆。拖动控杆上的白色圆点，就可以改变形状的弯曲度，从而呈现一种波浪的形态，如图 4.23 所示。

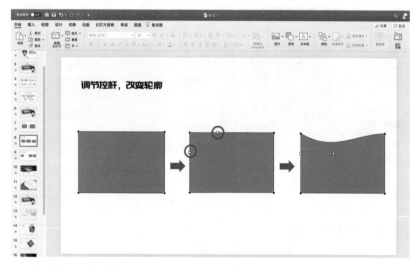

图 4.23　通过调节控杆改变轮廓

第三种方法是添加和删除顶点。在编辑顶点的状态下，鼠标停置在路径上，右击，在弹出的快捷菜单中选择"添加顶点"选项，路径上就会增加一个顶点。此时拖曳添加的顶点，图形上就会多出一条边。想要图形的边越多，添加的顶点也会越多，如图 4.24 所示。

删除顶点也很简单，鼠标放置在要删除的顶点上，右击，在弹出的快捷菜单中选择"删除顶点"选项即可。

灵活地运用编辑顶点，可以将 PPT 中默认的形状演变出千变万化的形态。借助编辑顶点的功能制作底图，让图片自然地过渡到文字，和谐而不失生动，如图 4.25 所示。

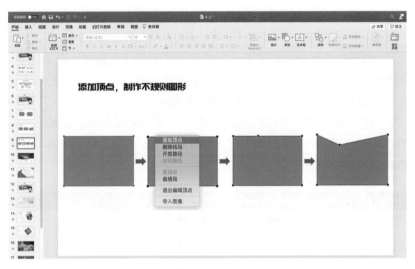

图 4.24　通过添加顶点制作不规则图形

图 4.25　通过编辑顶点制作底图

4.2.3　使用任意形状绘制不规则形状

"调节控点"和"编辑顶点"都是在默认形状的基础上更改形状。如果这两个方法还不能满足你天马行空的想象力，或许可以试试形状中的"任意形状"，它可以完全让你放飞自我。

"任意形状"在"形状"菜单下的"线条"选项里，它和 Photoshop 软件中的"钢笔"工具很相似，可以画出任意不规则形状的轮廓，灵活性很强，如图 4.26 所示。

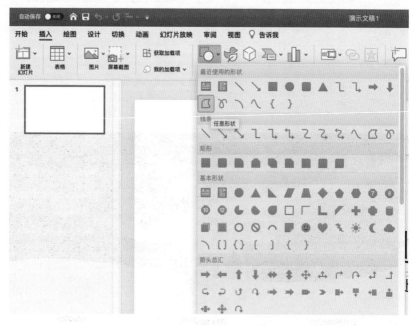

图 4.26　PPT 中的"任意形状"

借助"任意形状"，沿着图片上人物的轮廓进行勾勒，只要在最后形成一个闭合的曲线，就可以绘制出这个人物的形状，如图 4.27 所示。

不过，勾画出来的人物形状要如何应用到 PPT 的设计中呢？这里需要结合另一种制作技巧——幻灯片背景填充。

图 4.27　借助"任意形状"勾画的人物轮廓

在新建的幻灯片页面上右击，在弹出的快捷菜单中选择"设置背景格式"选项，在右侧弹出"设置背景格式"设置框，在"填充"选项组中选中"图片或纹理填充"单选按钮，然后选择"插入"选项，将原图插入到幻灯片页面上。此时幻灯片上的图片就不能被修改或移动了，如图 4.28 所示。

图 4.28　使用图片填充幻灯片页面

　　再次插入这张图片，覆盖在"幻灯片背景"的上方。选中图片，选择"图片格式"选项下的"颜色"选项。在"颜色饱和度"选项中选择"饱和度：0%"，如图 4.29 所示。

图 4.29　将插入图片的饱和度调整为 0%

　　将开始绘制的人物形状复制过来，选中人物形状，右击，在弹出的快捷菜单中选择"设置形状格式"选项，在右侧弹出"设置形状格式"设置框，在"形状选项"选项卡中选中"幻灯片背景填充"单选按钮。此时纯色的"人物形状"就有了原来图片上的颜色，与降低饱和度的背景图形成了鲜明的对比，如图 4.30 所示。

　　幻灯片背景填充是一种高阶的设计技巧，在 PPT 设计中应用比较广泛，我们在后面的内容中还会作详细的讲解。在这里主要针对"任意形状"功能做出综合性的演示。

图 4.30　使用幻灯片背景填充人物形状

随 堂 小 考

　　关注公众号（ID：gouppine），回复关键字"随堂小考"。在文件中找到名称为"4-2"的 PPT 做课后练习。

4.3　布尔运算是你迈向王者段位的必经之路

　　从本节开始，我们要讲解一些关于形状的进阶设计技巧。说到形状的设计，一定绕不开布尔运算。布尔运算在 PPT 中也叫作合并形状，就是对所选的形状进行布尔运算，以此得到不同的形状。毫不夸张地说，它是你迈向 PPT 王者段位的必经之路。

4.3.1　布尔运算简介

百度百科中对布尔运算的解释是：数字符号化的逻辑推演法，包括联合、相交和相减。在图形处理操作中引用这种逻辑运算方法，以使简单的基本图形组合产生新的形体。

听着有些复杂，没关系，我将一步一步地展开讲解。

在开始之前，你需要检查并确保安装的 Microsoft Office PowerPoint是 2013 及以上的版本，这样才具有完整的布尔运算功能。

PPT 中的布尔运算共分为 5 种，分别是结合、组合、拆分、相交和剪除。

（1）结合：有的版本也叫作联合，是将多个形状合并成一个形状。

（2）组合：将多个形状合成一个形状，而形状相交的地方会被删除。

（3）拆分：将两图形沿边界分割成若干个新的图形，被分割的图形独立存在。

（4）相交：将两图形相交的地方保留，去除掉不相交的部分。

（5）剪除：从第一个选中的图形中去除第二个选中的图形与其相交的部分，如图 4.31 所示。

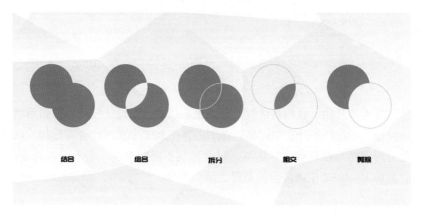

图 4.31　布尔运算的 5 种类型

布尔运算使用的前提是，一定要有两个及以上的对象，如图片、形状和文字中两个及以上元素的使用。这里要注意的是，形状中的"线条"不能进行布尔运算。

如果布尔运算的选项功能是灰色的，证明没法进行布尔运算。需要检查是否选对了对象，以及是否选择了两个及以上对象。

另外，先选中的形状决定着布尔运算后的形状样式。例如，将两个不同颜色的形状进行组合，先选中蓝色的形状，得到的组合形状就是蓝色；先选中黄色的形状，得到的组合形状就是黄色，如图 4.32 所示。

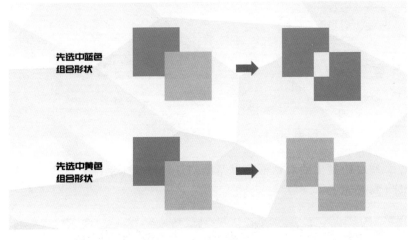

图 4.32　先选中的形状决定着布尔运算后的形状样式

可以说，布尔运算在 PPT 中的应用是相当丰富的。我归纳了几种实用美观的使用方法推荐给你。

4.3.2　使用布尔运算绘制特殊形状

布尔运算最初就是应用在形状之间的运算。通过布尔运算可以绘制出多种形态各异的形状。

插入一个圆角矩形和一个三角形，选中圆角矩形，按住 Ctrl 键加选三角形，再选择"形状格式"菜单下的"结合"选项，就可以绘制出一个"对话框"的形状，如图4.33所示。

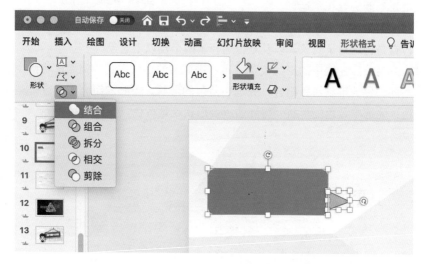

图 4.33　圆角矩形和三角形结合绘制出"对话框"的形状

通过绘制出的对话框可以帮助幻灯片形象生动地表达含义，如图 4.34 所示。

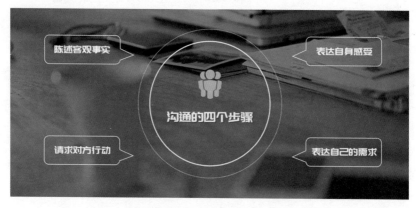

图 4.34　通过形状结合绘制出的对话框设计出的幻灯片

运用布尔运算绘制出来的图形可以说五花八门，只有你想不到，没有它做不到。你能想象这个通常需要 Illustrator 软件才能完成的几何图形是用 PPT 进行多次的布尔运算完成的吗？这就是布尔运算的神奇所在，如图 4.35 所示。

图 4.35　使用布尔运算绘制的潘洛斯三角

当然，如此复杂的几何图形并不常用，你大可不必刻意地学习。我只是想让你看到布尔运算的更多可能性。不过，感兴趣的同学可以在我的公众号（ID：gouppine）查看具体的教学步骤。

4.3.3　使用布尔运算填充图片纹理

通过图片与形状相交、图片与文字相交，可以绘制出带有图案的形状或字体，进而丰富页面的视觉效果。

插入几个圆角矩形，并不规则地排列摆放。选中所有的圆角矩形，在"形状格式"菜单下选择"组合"选项。插入一张图片置于底层，选中图片，按住 Ctrl 键加选组合的圆角矩形，选择"形状格式"菜单下的"相交"选项。这样，圆角矩形就有了图案，如图 4.36 所示。

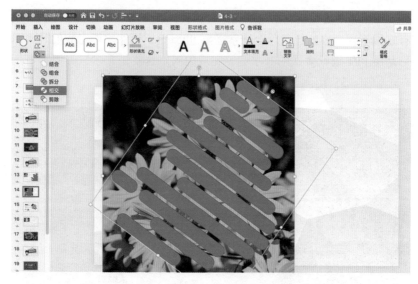

图 4.36　图片与形状"相交"

　　这种借助图片与形状"相交"为形状填充图案的方法，在幻灯片制作中是相当常见的，如图 4.37 所示。

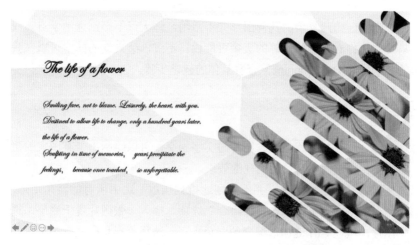

图 4.37　使用图片与形状相交设计的幻灯片

图片还可以和文字相交，为文字填充图案。输入一个文字（在这里不建议为大段文字填充图案，会给人造成视觉上的混乱），插入一张契合主题的图片置于文字的底层。选中图片，按住 Ctrl 键加选文字，在"形状格式"菜单下选择"相交"选项，即可完成图片填充文字的效果，如图 4.38 所示。

图 4.38　图片与文字"相交"

借助契合主题的图片填充文字，可以形象生动地表达主题含义，如图 4.39 所示。

4.3.4　使用布尔运算制作镂空文字

布尔运算还有一个重要的应用就是制作镂空文字。镂空文字的制作主要运用的是布尔运算中的"剪除"功能。

图 4.39　借助契合主题的图片填充文字

　　输入一段文字，并在文字底部插入一个矩形形状。选中矩形形状，按住 Ctrl 键加选文字，在"形状格式"菜单下选择"剪除"选项。这样一个带有镂空文字的形状就绘制出来了，如图 4.40 所示。

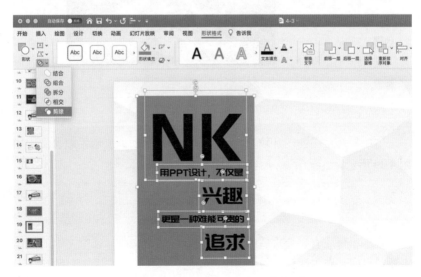

图 4.40　对形状与文字进行"剪除"

如果在镂空文字的形状下面插入一张图片，可以让画面看起来更具有通透性，如图 4.41 所示。

图 4.41　在镂空文字的形状下面插入图片

除了在镂空文字的形状下面添加图片，还可以添加视频。让文字呈现出一种动态的视觉效果，如图 4.42 所示。

图 4.42　在镂空文字形状下面插入视频

在镂空文字形状的下面插入视频是很多大型发布会上常用的方法。这样既可突出主体内容，又能让现场呈现出一种动态的视觉效果。以下就是某手机厂商在发布会上用到的幻灯片效果，如图 4.43 所示。

图 4.43　某手机发布会上的幻灯片

4.3.5　使用布尔运算拆分文字笔画

布尔运算对文字的艺术化处理本质上就是把文字的偏旁部首转换为形状。

输入两个文字，再插入一个形状（这里插入任何一个形状都可以）。选中形状，按住 Ctrl 键加选文字，在"形状格式"菜单下选择"拆分"选项，如图 4.44 所示。

文字被拆分后，删除幻灯片上多余的内容，文字的偏旁部首就可以任意地摆放了。需要注意的是，此时的文字不再是"字体"，而是"形状"。如果要改变文字的颜色，需要在"形状填充"下拉列表框中更改颜色，如图 4.45 所示。

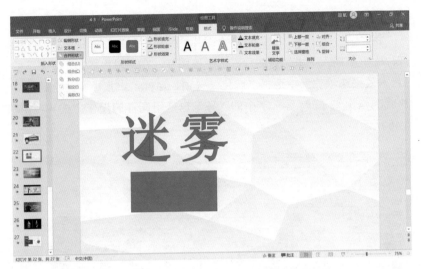

图 4.44　在"合并形状"中选择"拆分"

图 4.45　在"形状填充"中更改颜色

被拆分的文字应当如何应用到幻灯片的设计中呢？

将"迷"字中的"米"另存为图片，并将"米"的形状删除。在幻灯片中重新插入"米"的图片，选中该图片，在"图片格式"菜单下的"艺术效果选项…"中选择"虚化"选项。这样，一张虚实结合的幻灯片就制作出来了（"雾"字中的"务"也是用同样的操作方式），如图4.46 所示。

图 4.46　将偏旁部首做虚化处理

配上一张精美的图片，并且适当地放大虚化的图片，设计感十足的幻灯片会分分钟吸引观众的眼球，如图 4.47 所示。

最后，简单地回顾一下使用布尔运算对文字艺术化处理的三个步骤：借助任意一个"形状"将文字拆分；将拆分的偏旁部首转化为图片；再将图片做虚化处理并排版设计。

图 4.47　用文字拆分制作的幻灯片

随 堂 小 考

　　关注公众号（ID：gouppine），回复关键字"随堂小考"。在文件中找到名称为"4-3"的 PPT 做课后练习。

4.4　小　　结

　　根据本章的内容，我们用思维导图归纳一下知识脉络，如图 4.48 所示。

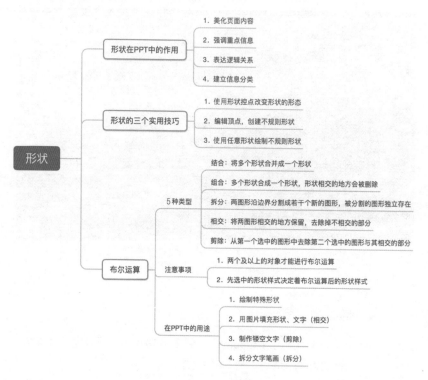

图 4.48　知识脉络

文字是传递信息的重要符号

图片和文字都是 PPT 中传递信息的重要符号。文字虽然不如图片可以表达丰富的可视化信息，但是文字可以通过"字体"载体表达一种外化的情绪，如图 5.1 所示。

图 5.1　通过字体传递的不同情绪

字体和人一样，都有各自的风格。如果没有特殊的要求，在遇到不同的场景时，就要运用不同风格的字体，让字体和内容相得益彰。

了解字体的风格之前，有必要对字体的基本分类有一个大体的认知。字体的分类大致分为两种：衬线字体和非衬线字体。

衬线字体在文字笔画的起始和末端都有装饰，笔画的粗细各不相同。衬线字体的识别度较高，方便阅读，如图 5.2 所示。

衬线字体

图 5.2　衬线字体笔画粗细不同

宋体是一种标准的衬线字体，字形结构和手写的楷书一致，所以宋体被认为是最适合正文的字体之一。

非衬线字体没有这些额外的装饰，笔画的粗细基本相同，而且有着相同的曲率、笔直的线条和锐利的转角。以黑体为代表的非衬线字体，笔画较粗，醒目端正，如图 5.3 所示。

非衬线字体

图 5.3　非衬线字体笔画粗细相同

5.1　5 种风格字体帮你找准幻灯片风格定位

目前市面上关于字体风格的分类五花八门，翻阅了很多资料，似乎也没有找到一个统一的标准。针对 PPT 常用的字体，我将字体的风格大致分为 5 种：商务风格、文艺风格、科技风格、可爱风格和中国风格。

5.1.1　商务风格字体

商务风格字体，顾名思义多用在商务类型的场合。字体风格端正、严肃、沉稳。对于商务类型的幻灯片而言，它的首要目的就是高效地传递信息。所以为了方便阅读，字体力求简约，不会使用太过花哨的设计影响阅读，如图 5.4 所示。

图 5.4　衬线字体的商务风格幻灯片

商务风格的字体并不局限于衬线字体或非衬线字体，主要还是看字体展现的风格。以下就是一款非衬线字体的商务风格幻灯片，如图 5.5 所示。

图 5.5　非衬线字体的商务风格幻灯片

　　常见的商务风格字体有：思源黑体、思源宋体、旁门正道标题体、汉仪旗黑体、文悦后现代体、微软雅黑体等，如图 5.6 所示。

（a）思源黑体	（b）思源宋体	（c）旁门正道标题体
（d）汉仪旗黑体	（e）文悦后现代体	（f）微软雅黑体

图 5.6　商务风格字体

5.1.2　文艺风格字体

文艺风格的字体会受到年轻群体及艺术人群的偏爱。字体风格优雅清新，字形飘逸修长，端庄秀气。

通常情况下，我们会选择可以表现汉字俊美的字体来表现文艺气息的幻灯片。以下幻灯片选择了一款硬笔书法的字体，如图 5.7 所示。

图 5.7　文艺风格字体的幻灯片

如果要展现古典的文化气质，还可以选择带有复古气息的字体。这种老式的字体很容易唤醒怀旧的感觉，让整个幻灯片看起来更有创意和吸引力，如图 5.8 所示。

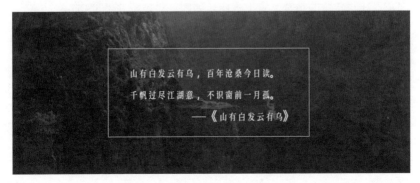

图 5.8　复古文艺字体的幻灯片

常见的文艺风格字体有：汉仪新蒂唐朝体、喜鹊聚珍体、方正清刻本悦宋、造字工房黄金时代体、文悦古典明朝体、文悦新青年体等，如图 5.9 所示。

(a) 汉仪新蒂唐朝体　　　(b) 喜鹊聚珍体　　　(c) 方正清刻本悦宋

(d) 造字工房黄金时代体　　(e) 文悦古典明朝体　　(f) 文悦新青年体

图 5.9　文艺风格字体

5.1.3　科技风格字体

科技风格的字体一般会给人一种机械感。字体线条粗犷，字形设计都是直线与转角的结合，看上去比较硬朗，科技范儿十足。

谈到科技风，我们首先想到的是 IT 互联网的科技行业。科技风的设计风格通常都表现得简洁有力、时尚前卫、色彩鲜明，如图 5.10 所示。

如果说科技风格仅停留在科技行业，就比较狭隘了。我们通常说的科技风，指的是字体的轮廓具有一定的质感和震撼力，透过字体传递出锐气、进取与力量的风格，如图 5.11 所示。

图 5.10　互联网风格的幻灯片

图 5.11　通过字体传递力量感的幻灯片

常见的科技风格字体有：站酷高端黑体、站酷酷黑体、阿里汉仪智能黑体、汉仪菱心体、造字工房尚黑体、锐字逼格青春粗黑体等，如图 5.12 所示。

科技风字体 Technological Style	科技风字体 Technological Style	科技风字体 Technological Style
（a）站酷高端黑体	（b）站酷酷黑体	（c）阿里汉仪智能黑体
 科技风字体 Technological Style	 科技风字体 Technological Style	科技风字体 Technological Style
（d）汉仪菱心体	（e）造字工房尚黑体	（f）锐字逼格青春粗黑体

图 5.12　科技风格字体

5.1.4　可爱风格字体

可爱风格的字体就很容易识别了。字体一般比较圆润，笔画通常都不大规则，给人一种天真活泼、软萌可爱、充满活力的感觉。

通常我们在做儿童、母婴产品的展示，以及卡通、动漫、萌宠等内容的时候，可以选择使用可爱风格的字体，如图 5.13 所示。

图 5.13　萌宠内容的幻灯片

除此之外，在一般像节日类型的幻灯片以及商品促销打折的宣传海报上，我们也会经常看到可爱风格字体的应用，如图 5.14 所示。

图 5.14　商品促销的幻灯片

由于可爱风格的字体带有极其活泼的文字气息，通常在日常工作及学习中很少会用到。除非有特殊场景及行业的需要，多数情况下不建议使用。

常见的可爱风格字体有：站酷庆科黄油体、汉仪小麦体、汉仪糯米团、汉仪铸字木头人、造字工房童心体、喜鹊小轻松体等，如图 5.15 所示。

图 5.15　可爱风格字体

5.1.5　中国风格字体

设计中国风特色的幻灯片，最不能缺少的元素就是大气恢宏的书法字体了。书法字体洒脱、大气、优美，浓浓的中国风看起来非常有代入感，如图 5.16 所示。

图 5.16　书法字体的幻灯片

当然，书法字体的应用并不局限在中国风的幻灯片上。如果把书法字体放在科幻题材的内容上，看起来也毫无违和感，如图 5.17 所示。

图 5.17　科幻内容的幻灯片

除此之外，像一些表现青春、文艺气息的内容，使用书法字体也非常适合，如图 5.18 所示。

图 5.18　青春文艺的幻灯片

书法字体的应用还是比较广泛的。但是，由于书法字体都比较豪放张扬，一般适合做标题使用，不建议在正文中使用。

常见的中国风格字体有：汉仪尚巍手书、汉仪秦川飞影、演示新手书、汉仪孙万民草书、禹卫书法行书、叶根友毛笔行书等，如图 5.19 所示。

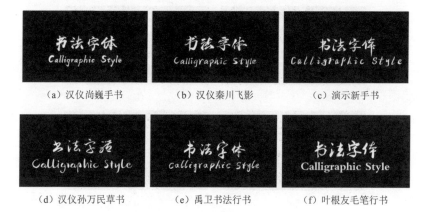

（a）汉仪尚巍手书　　　　（b）汉仪秦川飞影　　　　（c）演示新手书

（d）汉仪孙万民草书　　　（e）禹卫书法行书　　　（f）叶根友毛笔行书

图 5.19　中国风格字体

5.2　如何灵活使用免费又好看的字体

好看的字体那么多，却不是所有的字体都能让你随意使用的。字体和图片一样，都有自己的版权。尤其在商用的时候，要特别地注意。

例如，像我们熟悉的"微软雅黑"是微软系统自带的字体，兼容性强，可读性又好，被人们称为"万能字体"。但是在实际应用中，它可没那么万能，因为它是有版权的。

那么，哪些字体是免费可商用的呢？我们又应该去哪里下载这些字体呢？

5.2.1　免费可商用的字体

下面为大家盘点几个常用免费、可商用的字体系列。

1. 方正系列

方正字体是很多设计师使用最多的字体之一，方正字库针对"商业发布"的使用方式提供了四款免费字体：方正书宋、方正仿宋、方正黑体和方正楷体。这些字体虽然可以商用，但仍然需要方正公司的书面授权，如图 5.20 所示。

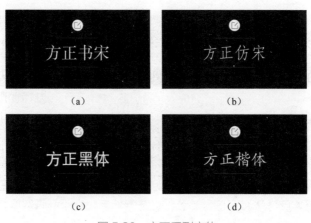

图 5.20　方正系列字体

2. 思源系列

（1）思源黑体是 Adobe 与 Google 合作开发的一款开源字体。这是一款新的供桌面使用的开源 Pan-CJK 字体家族，有七种字体粗细（ExtraLight、Light、Normal、Regular、Medium、Bold 和 Heavy），支持繁体中文、简体中文、日文和韩文。

（2）思源黑体之后又推出了思源宋体。同样有七种字重，粗细搭配，主次分明。

（3）在思源字体基础上，一些民间高手调整出了思源真黑字体。名字虽然生猛，但颜值在线。

（4）思源柔黑体是日本一家字型工房从思源黑体基础上修改而来。思源柔黑体在文字边缘做了圆角处理，整体看起来显得柔和很多，如图 5.21 所示。

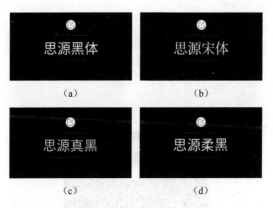

图 5.21　思源系列字体

3. 站酷系列

站酷作为优秀的设计平台，聚集了百万名优秀的设计师，也提供了优秀设计师设计出来的多款免费可商用字体。其中，站酷酷黑体和站酷高端黑很适合科技风格的字体，力量感十足；站酷快乐体和站酷庆科黄油体风格轻松、简单，尤其适用于卡通、手绘、与儿童相关的幻灯片，如图 5.22 所示。

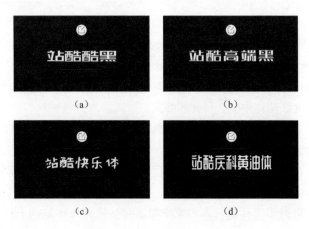

图 5.22　站酷系列字体

4. 庞门正道系列

庞门正道标题体是"庞门正道"公众号联合了 13 位设计师一起开发的一款商用免费字体，非常适合用于封面或全图式 PPT，很多的电视广告和节目海报都使用过。2019 年"庞门正道"设计公众号又发布了另外两款免费可商用的字体：庞门正道粗书体和庞门正道轻松体。两种字体风格迥异，辨识度都很高，如图 5.23 所示。

图 5.23　庞门正道系列字体

5.2.2 字体下载的网站推荐

"求字体网"是我个人最常用的字体下载网站,它支持中英文等多语种字体识别的搜索引擎。网站的最大特点是根据上传字体的图片,系统就会识别出字体的名称。

这里的每一款字体都有详尽的背景信息以及商用标识的提醒,如图 5.24 所示。

图 5.24 求字体网

另外,我的公众号里也整理了其他字体网站的链接,以及免费可商用的字体供下载使用。你可以通过扫描下方的二维码直接获取,如图 5.25 所示。

图 5.25 公众号素材库

5.2.3　保存特殊字体的技巧

有时我们使用了特殊字体，幻灯片在自己的计算机上放映一切正常，换到别人的计算机上放映字体就变形了。其中很大的原因就是别人的计算机没有安装你使用的特殊字体。

为了保证字体的完整呈现，在这里推荐三个实用的小技巧，供你参考使用。

1. 附赠字体压缩包

附赠字体压缩包这个办法对你来说或许操作简单，每次传输 PPT 时为对方附赠一个字体压缩包。不过这样会给别人带来操作上的麻烦，除非是强烈的需求，否则很多人不愿意安装多余的字体。

2. 在 "PowerPoint 选项" 对话框中设置嵌入字体

单击界面左上角的 "文件" 选项卡，选择 "选项" 选项，在弹出的 "PowerPoint 选项" 对话框的左侧菜单栏中选择 "保存" 选项，在对话框的底部勾选 "将字体嵌入文件" 复选框。需要注意的是，不是所有的字体都支持嵌入，需慎重使用，如图 5.26 所示。

图 5.26　将字体嵌入文件

3. 将文字转换图片

选中文本框，右击，在弹出的快捷菜单中选择"剪切"选项，再次右击，选择"粘贴"选项，并在"粘贴选项："中选择"图片"选项，就可以将文字转换成图片了。需要注意的是，由于将文字转换成了图片格式，所以这里的文字将不可编辑，如图 5.27 所示。

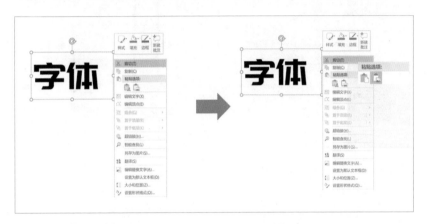

图 5.27　将文字转换为图片

5.3　提升文字设计感的高阶操作

如果说下载字体是"拿来主义"，那么亲自动手设计一个创意型文字就需要一些实力与技巧了。

文字的设计离不开与图片、形状的结合使用，相信你在前面的内容中多少领略过一些，接下来我们就针对提升文字的设计进行详细的讲解。

5.3.1　风靡网络的渐隐字效果

渐隐字给人一种文字若隐若现的感觉，近年来在网络上比较流行。不过，在制作渐隐字效果之前，我们有必要回顾一下文字渐变色的设计方法。

1. 文字颜色渐变

关于颜色的渐变调节，我们在制作蒙版的篇幅时讲解过。文字的渐变色和形状的渐变色制作原理一样，都是在"渐变填充"中完成。唯一不同而且让很多人都容易犯错的地方就是：形状的渐变填充是在"形状选项"选项卡中；而文字的渐变填充是在"文本选项"选项卡中，如图 5.28 所示。

形状选项

文本选项

图 5.28　"形状选项"与"文本选项"的区别

还记得调节渐变色的方法吗？第一种是运用吸管工具，第二种就是调节颜色滑块。

以调节颜色滑块为例，选中文字，右击，在弹出的快捷菜单中选择"设置形状格式"选项，在右侧弹出"设置形状格式"设置框，在"文本选项"选项卡中选中"渐变填充"单选按钮。删除多余的光圈，保留两个光圈即可，并将两个光圈调节成同一个颜色，如图 5.29 所示。

图 5.29　在"文本选项"选项卡中调节渐变填充

　　选中其中一个光圈，在"颜色"选项中选择"其他颜色"。在弹出的对话框中选择"颜色滑块"，并在"HSB 滑块"下轻轻滑动"色调"滑块。注意，"色块"滑动的幅度不宜过大。选择邻近的颜色，颜色才会过渡得自然，如图 5.30 所示。

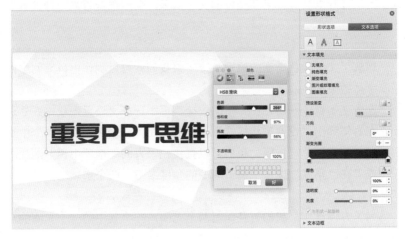

图 5.30　调节"颜色滑块"

文字的颜色渐变会给人一种很高级的视觉体验，很多欧美风格的幻灯片都比较喜欢用渐变色的文字效果，如图 5.31 所示。

图 5.31　文字渐变的幻灯片

但是，渐变色文字也有它的局限性。它一般适用于 PPT 封面或文字较少的幻灯片页面。如果渐变色的文字太多，会给观众带来一种视觉上的混乱。

2. 文字渐隐效果

理解了文字颜色渐变的原理，接下来我们就可以制作出风靡网络的渐隐字体效果了。

选中文本框，右击，在弹出的快捷菜单中选择"设置形状格式"选项，在右侧弹出"设置形状格式"设置框，在"文本选项"选项卡中选中"渐变填充"单选按钮。我们可以直接在"方向"选项中调节渐变方向，或者在"角度"选项中调节渐变的角度参数，两个选项功能的原理一样。

为了方便操作，我们暂且保留两个光圈，并将其中的一个光圈的透明度调整为 100%，这样文字的渐隐的效果就出来了，如图 5.32 所示。

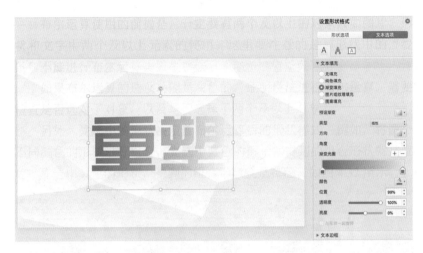

图 5.32　文字渐隐效果调节

　　在这里，光圈与透明度的配合非常重要。为了更好地实现渐隐效果，我们可以通过增减渐变光圈、调节光圈的透明度，以及滑动光圈滑块的位置，比对着文字呈现出来的效果做出适当调整，如图 5.33 所示。

图 5.33　光圈、位置和透明度之间的配合

渐隐字效果还可以将文字和图片进行融合，为幻灯片营造出一种视觉错感。幻灯片中的文字只用到两个渐变光圈，比对文字在图片中的位置，调节渐变光圈的位置和透明度，最终呈现出一种文字被建筑物遮挡的视觉错感，如图 5.34 所示。

图 5.34　渐隐字效果幻灯片

5.3.2　图片填充玩出文字设计新高度

　　文字的设计离不开图片元素的使用，接下来我们讲解一下图片填充文字以及幻灯片背景填充的应用。

1. 图片填充文字

　　用图片填充文字是比较基础的操作，它可以通过图片直接表达文字的含义，让文字看起来形象生动。

　　选中文本框，右击，从弹出的快捷菜单中选择"设置形状格式"选项，在右侧弹出"设置形状格式"设置框，在"文本选项"选项卡中选中"图片或纹理填充"单选按钮。我们可以在"纹理"选项中直接选择系统自带的纹理，也可以插入一张契合主题的图片。

做到这里我们发现，这和之前讲过的通过"布尔运算"将文字与图片进行"相交"呈现的效果是一样的，如图 5.35 所示。

图 5.35　图片或纹理填充

这里需要特别注意的是，图片填充文字和渐变文字一样，适用于标题性的文字，引人注目。如果大段的文字使用图片填充，同样会造成视觉上的混乱。

当然，填充文字除了使用下载的图片，还可以 DIY 图片。如何 DIY 呢？就是借助形状工具绘制图形，将它存为图片，再填充文字。

我们在新建的幻灯片中插入若干个矩形。为了颜色上有所区别，可以适当调节形状的透明度，然后将绘制好的矩形组合、截图并存为图片，如图 5.36 所示。

选中文本框，右击，在弹出的快捷菜单中选择"设置形状格式"选项，在右侧弹出"设置形状格式"设置框，在"文本选项"选项卡中选中"图片或纹理填充"单选按钮。插入之前绘制好的组合形状图片，勾选"将图片平铺为纹理"复选框，再根据实际的显示效果调节"偏移量 X"和"偏移量 Y"，如图 5.37 所示。

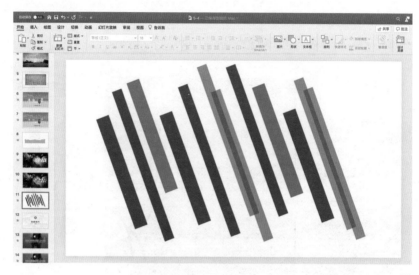

图 5.36 绘制多个矩形形状

图 5.37 使用形状填充文字的幻灯片

　　用形状绘制图片是一种进阶的玩法。将绘制的形状转换成图片，用这样 DIY 的图片就可以设计出很多有创意性的文字，如图 5.38 所示。

图 5.38　使用形状绘制图片的幻灯片

2. 幻灯片背景填充

接下来，我们再来看一下幻灯片背景填充是如何应用到文字设计中的。

在新建的幻灯片页面上，右击，在弹出的快捷菜单中选择"设置背景格式"选项，在右侧弹出"设置背景格式"设置框，在"文本选项"选项卡中选中"图片或纹理填充"单选按钮，插入一张图片作为幻灯片背景。如果在这之前我们已经为幻灯片添加了母版，则需要勾选"隐藏背景图形"复选框。此时，被添加的幻灯片背景图将不可移动、不可编辑，如图 5.39 所示。

接下来，我们将小标题的文字叠加在大标题上面。选中小标题的文字，右击，在弹出的快捷菜单中选择"设置形状格式"选项，在右侧弹出"设置形状格式"设置框，在"形状选项"选项卡中选中"幻灯片背景填充"单选按钮，如图 5.40 所示。

利用幻灯片背景填充，让大标题文字有种被掏空的感觉。这时候，小标题的文本框无论拖动到幻灯片的任何位置，文本框的背景都会填充为当前位置的背景图，如图 5.41 所示。

图 5.39　用图片填充幻灯片背景 1

图 5.40　将文本框设置为幻灯片背景填充

图 5.41　幻灯片背景填充的应用

　　理解了幻灯片背景填充的原理，就可以充分发挥我们的脑洞，做出各种创意型的文字效果。利用形状遮挡文字部分内容，实现文字被切割的视觉效果，如图 5.42 所示。

图 5.42　用形状遮挡文字部分内容

　　文字被形状遮挡后一定要保证文字的可识别性。如果我们设计的文字连基本的阅读都困难，便失去了设计的意义，如图 5.43 所示。

图 5.43　保持形状遮挡文字的可识别性

　　前面讲过渐隐字的使用方法。如果文字遇到规则的物体，如高楼大厦，就可以用透明度的调节与图片的物体很好地融合。但是，如果碰到图片中不规则的物体，如山峦，应该如何做出渐隐字的效果呢？

　　在新建的幻灯片页面上右击，在弹出的快捷菜单中选择"设置背景格式"选项，在右侧弹出"设置背景格式"设置框，在填充选项组中选中"图片或纹理填充"单选按钮，插入一张图片作为幻灯片背景。

　　输入一段文字，这里的文字字号要足够大，才会有视觉的冲击力，如图 5.44 所示。

　　借助形状中的"任意形状"勾画出山脉和文字重叠的部分，尤其是文字和山脉轮廓的交界处要绘制出来，如图 5.45 所示。

图 5.44　用图片填充幻灯片背景 2

图 5.45　使用任意形状勾画山脉和文字重叠的部分

　　接下来，选中绘制的形状，在"形状选项"选项卡中选中"幻灯片背景填充"单选按钮，这样图片上的山脉就把文字遮挡起来了，如图 5.46 所示。

图 5.46   使用幻灯片背景填充制作的文字遮挡效果

5.3.3　从青铜到王者，只差一个布尔运算

我们在第 4 章中讲解过布尔运算，毫不夸张地说，它是很多人从青铜迈向王者的必经之路。布尔运算的设计技巧有很多，本小节主要针对文字的部分进行讲解。

1. 文字笔画的拆分

我们先来回顾一下布尔运算中"拆分"的定义：将两个图形沿着边界分割为若干个新图形，如图 5.47 所示。

图 5.47   布尔运算——拆分

那么，文字如何借助布尔运算进行拆分呢？

在幻灯片上任意插入一个形状，选中形状，按住 Ctrl 键加选文字，在"形状格式"菜单下选择"拆分"选项，这样文字的各部分就被拆分成独立的个体了。

值得注意的是，此时的文字不再是可编辑的字体，而变成了形状。所以放大或缩小文字，需要通过拖曳文字的边框来完成；改变颜色，则需要在"形状填充"下拉列表框中完成，如图 5.48 所示。

图 5.48　拖曳文字的边框放大文字

由于一些汉字的笔画是连在一起的，所以在拆分的时候，有些笔画并不能完全被拆分开。这时候我们就要借助形状工具中的"任意形状"了。

用任意形状将文字笔画相连的部分勾勒出来（黄色区域）。分别选中绘制的"特殊形状"和"文字形状"，在"形状格式"菜单下再次选择"拆分"选项。这样，相连的部分就被拆分开了，如图 5.49 所示。

图 5.49　使用任意形状再次拆分文字笔画

借助"拆分"选项功能，我们可以将文字的各部分拆分成单独的形状。这时候就可以脑洞大开，在 PPT 中玩出很多高级的花样。

利用文字的各部分错位排列，设计出笔画错落排版的设计效果，如图 5.50 所示。

图 5.50　笔画错落排版

　　此外，我们还可以将文字的局部放大或者变色，在视觉上形成冲击，更容易吸引观众的注意力，如图 5.51 所示。

图 5.51　笔画局部变色

　　除了将文字笔画局部变色，还可以对其进行替换，换成更加形象的图标，以此展现文字主题的魅力，如图 5.52 所示。

图 5.52　将笔画替换为图标

文字笔画的虚化在设计中是非常常见的，一些设计大神也经常在 PPT 封面中使用。在第 4 章中讲解过文字笔画的虚化处理：将拆分后的偏旁部首另存为图片，再将该图片插入到幻灯片中，并做"虚化"的艺术效果处理，如图 5.53 所示。

图 5.53　文字笔画的虚化

2. 图片与文字的相交

　　布尔运算中的"相交"是指将两个图形相交的地方保留，去除其他不相交的部分，如图 5.54 所示。

图 5.54　布尔运算——相交（图与图相交）

将图片放置在文本的下方。这时要比对好文字和图片重叠的位置，因为文字和图片相交后，图片上的画面就会显示在文字上。接下来，选中图片，再选中文字，在布尔运算中选择"相交"选项即可，如图 5.55 所示。

图 5.55　布尔运算——相交（图与文字相交）

值得注意的是，这里选择顺序非常重要。先选择的元素决定着"相交"后呈现的效果。所以一定要先选择图片，再选择文字。

文字与图片的相交和前面讲的"图片填充文字"呈现的效果是一样的。运用图片与文字相交及形状与文字相交可以制作出各种有创意的文字效果，如图 5.56 所示。

3. 形状与文字的剪除

布尔运算中的"剪除"是指从第一个选中的图形中去除与第二个选中的图形相交的部分，如图 5.57 所示。

和"相交"的选项功能有些相似，插入一个图形（可以是形状，也可以是图片）放置在文本的下方，同时要比对好文字在图形上的位置。在这里同样要注意选择的先后顺序，先选中下方的形状，再选中文字，在"布尔运算"中选择"剪除"选项，如图 5.58 所示。

图 5.56　图片与文字相交

图 5.57　布尔运算——剪除（图与图之间）

图 5.58　布尔运算——剪除（图与文字之间）

　　剪除完成后，形状就变成了镂空的效果。此时再拖动形状，文字和底部的形状已经融合成一个完整的形状。

　　这样的操作技巧被广泛应用在大型发布会及演讲会的现场。演讲者为了使幻灯片看起来更加生动，通常会在镂空的文字后面插入一个视频，让观众看上去感觉好像整段的文字在跳动，如图 5.59 所示。

图 5.59　形状与文字剪除

5.3.4　一键生成文字云的方法

文字云又称为词云，是由词汇组成类似云的彩色图形。

在幻灯片中，如果要展示的信息词汇比较多，不如将词汇制作成文字云或者文字墙的效果。这样的设计方式在发布会等大型演讲场合是比较多见的，如图 5.60 所示。

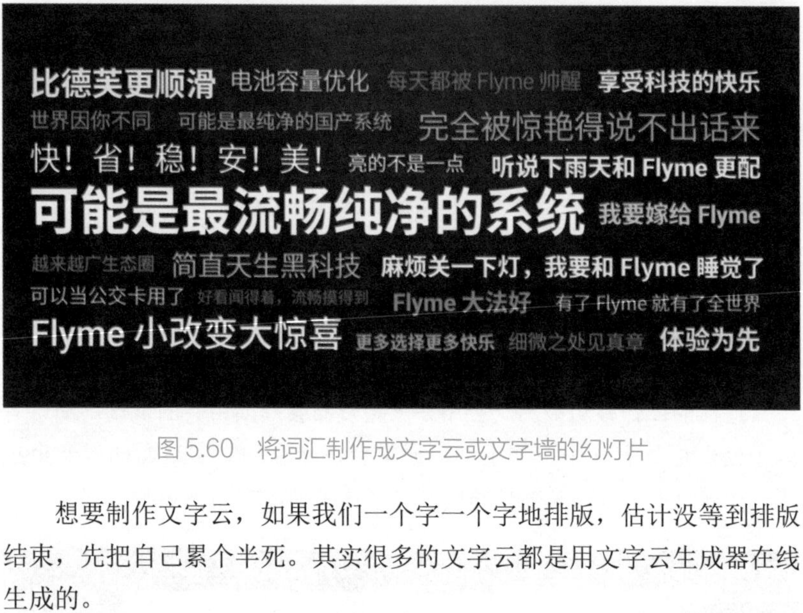

图 5.60　将词汇制作成文字云或文字墙的幻灯片

想要制作文字云，如果我们一个字一个字地排版，估计没等到排版结束，先把自己累个半死。其实很多的文字云都是用文字云生成器在线生成的。

给大家推荐一个可以在线生成文字云的神器——Wordart。这是一个纯英文网站。如果我们的英文没那么熟练也没有关系，可以借助谷歌浏览器自带的翻译功能进行翻译。不过有些翻译不够准确，仅供参考，如图 5.61 所示。

进入到网站首页，单击 CREATE NOW 按钮，就可以创建文字云的编辑了。左侧是参数设置，包括 WORDS（文本）、SHAPES（形状）、FONTS（字体）、LAYOUT（布局）和 STYLE（样式）5 种选项栏。右侧就是图像生成预览的地方，如图 5.62 所示。

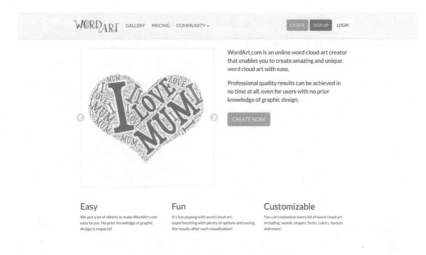

图 5.61　Wordart 文字云在线生成网站

图 5.62　Wordart 网站界面

　　单击 WORDS 下面的 Import（输入）按钮，导入文本。可以输入一整段文字，系统会自动将文字拆分成若干个词汇。也可以单击上方的

Add（添加）按钮添加文本框，逐条输入关键词。

SHAPES 中有很多系统自带的形状，如动物、婴儿、表情包、爱心等。如果默认的图形中没有令人满意的，还可以单击 Add image（添加图片）按钮，添加自定义的图片，生成各式各样的图形，如图 5.63 所示。

图 5.63　自定义图片生成的文字云

网站自带了很多字体，但全部是英文。如果要使用中文，需要自己添加字体。单击 FONTS 下的 Add font（添加字体）按钮就可以添加字体了。

设置好词汇和图形，单击右侧的 Visualize（预览）按钮就可以预览生成效果了。单击 Edit（编辑）按钮，我们还可以手动调节里面的词汇。

最后单击上方的标题栏中的 DOWNLOAD（下载）按钮，就可以下载图片了。这里的标准 PNG 和 JPG 格式是免费的，如果下载高清模式，就要收费了。

了解了文字云的制作方法，在 PPT 中应该如何应用呢？

我们可以将文字云制作成具象化的图形来当作配图，形象生动地表达主题含义，如图 5.64 所示。

图 5.64　将文字云制作成具象化图形

还可以将文字云当作背景墙使用。在文字背景墙上添加一层蒙版，与主题内容相呼应，如图 5.65 所示。

图 5.65　将文字云当作文字背景墙

随 堂 小 考

　　关注公众号（ID：gouppine），回复关键字"随堂小考"。在文件中找到名称为"5-3"的PPT做课后练习。

5.4 小　　结

　　根据第 5 章的内容，我们用思维导图归纳一下知识脉络，如图 5.66 所示。

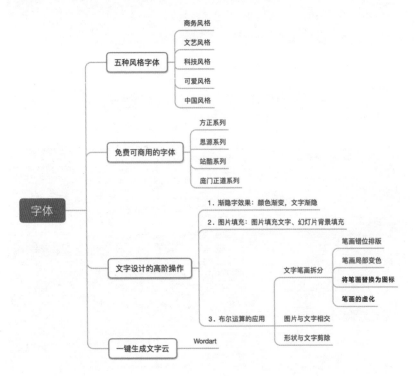

图 5.66　知识脉络

图标，一个被忽视的宝藏工具

图标在我们的生活中无处不在。道路上的指示牌、电器上的触控按钮、手机上的软件 ICON 及软件上的每一个操作界面都充斥着各式各样的图标。

图标可以代表一些行为、人、事、物等的真实的或虚拟的视觉符号，可以有效地传递信息，如图 6.1 所示。

图 6.1　图片来源：魅族 16 发布会

随着图标的广泛应用，它还被赋予了更具深层的含义。众所周知，苹果手机语音备忘录上的图标中的那段波纹就是 Apple 的发音，如图 6.2 所示。

图标不同于图片，它简化了图形结构。图标的画面简洁有力，重在传递信息，在 UI 设计领域应用得十分广泛。

图 6.2　苹果手机语音备忘录图标

在幻灯片设计中，图标的应用却差强人意。很多人因为不熟悉，所以不愿意或忘记使用，不得不说图标是一个被大众忽视的宝藏工具。从本章节开始，我们就来好好聊聊关于图标的内容。

6.1　图标的类型和基本格式

了解图标，首先从认识图标的基本类型和格式开始。因为这直接影响到图标的使用规范和设计技巧。

6.1.1　图标的三种类型

通常来说，图标大致可以分为三种类型：线性图标、面性图标和线面结合图标，如图 6.3 所示。

（1）线性图标是使用线条勾勒的图标。设计风格简洁有力，具有一定的锐度，如图 6.4 所示。

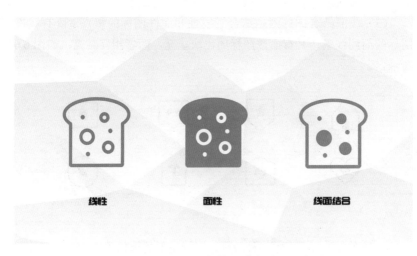

图 6.3　图标的三种类型

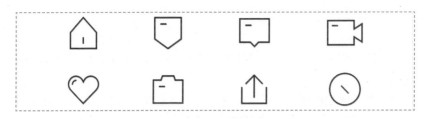

图 6.4　线性图标

（2）面性图标使用了大量的颜色色块填充图形。与线性图标相比，面性图标更加具有力量感和厚重感，如图 6.5 所示。

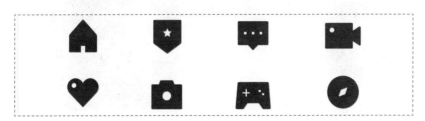

图 6.5　面性图标

（3）线面结合图标则是结合了线性和面性图标的特点，既有线性图标的简约线条，又有面性图标的色块填充，两者相互补充，如图 6.6 所示。

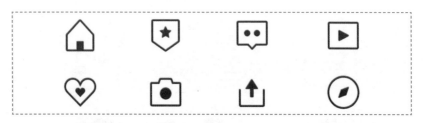

图 6.6　线面结合图标

三种图标类型没有哪一种最好，图标类型的选择需要结合幻灯片自身的设计风格而定。

6.1.2　图标的基本格式

从图标的格式划分，可以分为位图和矢量图。那么，两者有什么区别呢？

我们平时拍的照片就属于位图，它是由无数个像素点组成。将位图不断地放大时，画面就会变得模糊，产生一种马赛克的效果，如图 6.7 所示。

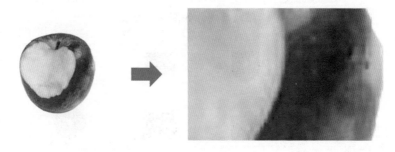

图 6.7　位图被放大

矢量图是通过设计软件生成的，图像原色可编辑。重要的是，图像即使放大一万倍，画面仍然清晰可见，如图 6.8 所示。

图 6.8　矢量图被放大

常见的位图有：PNG、JPG、BMP 等格式；常见的矢量图有：AI、EPS、SVG 等格式，如图 6.9 所示。

图 6.9　位图格式和矢量图格式

PPT 自带的图标就是矢量图的一种。可编辑性强，可以任意替换颜色、改变图形大小，即使无限放大，也不会模糊。

6.1.3　如何将图标插入幻灯片

一般来说，不是所有的图标格式都支持插入到幻灯片，尤其是矢量文件格式。

从 PowerPoint 2016 版本开始，微软做出了更新。大部分的图标格式都支持插入到幻灯片，尤其是常见的 SVG 格式，这对很多 PPT 制作者来说大大提高了插入图标的便利性。

但是对于一些低版本的 PPT，在将一些特殊格式的图标插入幻灯片的过程中仍然状况不断。我们该如何将一个矢量格式的图标完整地呈现在幻灯片中呢？

可以借助 Adobe Illustrator（简称 AI）设计软件。

很多人可能担心不会使用 AI 软件。这个大可不必，因为这个辅助工具的操作方法极其简单。将下载的图标拖曳到 AI 软件上（用 AI 软件打开图标），然后再将图标从 AI 软件上直接拖曳到 PPT 中就可以了，如图 6.10 所示。

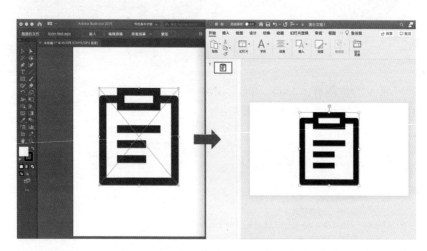

图 6.10　将图标从 AI 软件拖曳到 PPT 中

6.2　免费好看的图标去哪里下载

图标的素材不可忽视的来源就是 PPT 自带的"图标库"。尤其是从 PowerPoint 2019 版本开始，微软大量更新了可编辑的 SVG 格式图标。

新版本 PPT 自带的图标种类繁多，包括人物、技术与电子、通信、商业分析、教育等 35 个类型。我们可以像插入图片一样一键插入图标，如图 6.11 所示。

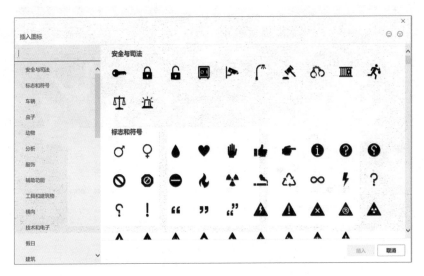

图 6.11　PowerPoint 2019 图标库

　　PPT 自带的图标可以直接更换颜色。借助"转换为形状"和"取消组合"功能还可以对图标进行拆解（具体操作方法在 6.3.3 小节中讲到），编辑性较强。

　　当然，如果 PPT 自带的图标库还不能满足我们对图标的更高要求，还可以借助素材网站搜寻更多、更好看的图标。这里首推的图标素材网站就是阿里巴巴矢量图库（Iconfont），如图 6.12 所示。

　　这是由阿里巴巴团队倾力打造的中国第一个最大且功能最全的矢量图标库。这里的图标素材已经突破一千万，它可以满足我们对图标的全部需要。其中强大的搜索引擎功能让图标的搜索更加便捷，而且在布局方面也非常美观。

　　阿里巴巴矢量图库提供了 SVG、AI、PNG 三种图标格式下载，并且可以在线调节图标的颜色，使用起来还是比较方便的。

图 6.12　阿里巴巴矢量图库

图标素材的类型还有很多，在这里就不一一介绍了。想要了解更多的图标素材网站，可以扫描图 5-25 中的二维码，关注我的公众号（ID：gouppine）获取。

6.3　如何统一 PPT 的图标风格

图标的使用不如图片应用广泛。我发现很多人对图标的认知度不高，使用起来没有章法可循。其实，在使用图标时，我们首先应当遵循的就是统一性原则。

6.3.1　统一图标的类型和大小

图标要统一设计风格，首先保证图标使用的类型要统一。在同一页幻灯片中，如果使用了线性图标，那么就要保证其他的图标也同样使用线性图标，如图 6.13 所示。

图 6.13　图标类型的统一性

图标的大小要统一，摆放要整齐。要做到这两点规范，我们可以借助"视图"菜单中的"参考线"选项工具以及"格式"菜单中的"对齐"选项工具完成，如图 6.14 所示。

图 6.14　图标大小的统一

6.3.2　添加相同的设计元素

除了图标类型和大小要统一，图标的边框、线条的粗细、颜色等也要尽量做到统一。但是我们通常下载的图标样式各异、标准不一，如何让它们实现统一呢？

我们看到"录像"的这个图标是扁长的，它与其他图标的高度不同。如果拉伸这个图标，图标也会随着变大。这时就可以为图标加一个轮廓，让三个图标的大小保持一致，如图 6.15 所示。

图 6.15　为图标添加轮廓

除了为图标添加轮廓，还可以为图标添加背景，更加突显图标的表现力，如图 6.16 所示。

图 6.16　为图标添加背景

为了让图标看起来有立体感，还可以为图标添加阴影，如图 6.17 所示。

图 6.17　为图标添加阴影

6.3.3　为图标做局部变色

　　为图标统一配色是图标统一性原则的基本要求。但是为图标统一配色并不意味着全部配色。在很多的发布会上，为了让图标看起来没那么单调，设计者通常会为图标局部变色。

　　什么是图标局部变色呢？就是给图标上的个别形状更换颜色，如图 6.18 所示。

图 6.18　图标局部变色

　　值得注意的是，为了实现图标的统一性，如果要为图标局部变色，就要保证每一个图标都有局部的颜色变化，并且变化的颜色相同；否则就让图标全部统一颜色。

那么我们该如何为图标局部变换颜色呢？

在 PPT 自带的图标库中任意地插入一个图标。选中图标，在"格式"菜单下选择"转化为形状"选项，这时图标就变成了一个组合的形状。单击图标上的任意一个形状，选择"形状填充"选项，就可以单独改变它的颜色了，如图 6.19 所示。

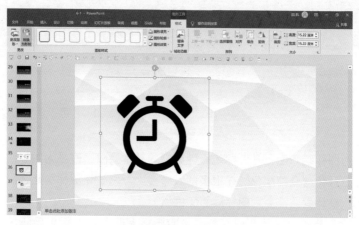

（a）将图标转换为形状

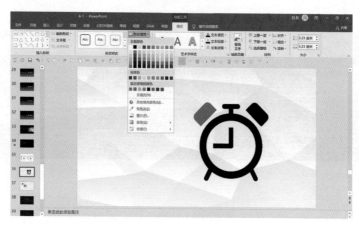

（b）单击形状，局部变色

图 6.19　为图标局部变换颜色

　　如果想要进一步编辑图标，可以右击，在弹出的快捷菜单中选择"取消组合"选项，此时图标上的形状就可以任意地移动、放大或缩小了，如图 6.20 所示。

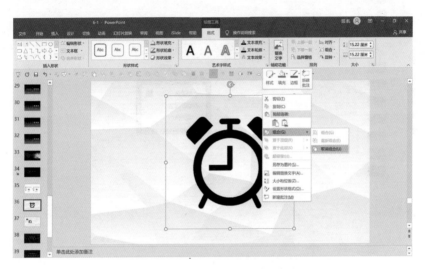

图 6.20　取消组合可移动图标

　　但是，并不是所有的图标都支持"取消组合"选项功能。这就意味着图标作为一个整体，组成部分无法被分离，也意味着无法实现图标的局部变色。这时，我们可以借助布尔运算中的"拆分"选项功能。

　　选中图标，在"格式"菜单下选择"转化为形状"选项。插入任意一个形状，选中形状，按住 Ctrl 键加选图标，在"形状格式"菜单下选择"拆分"选项，此时图标中的各个形状就被分离开了，如图 6.21 所示。

图 6.21　使用布尔运算拆分图标

随 堂 小 考

关注公众号（ID：gouppine），回复关键字"随堂小考"。在文件中找到名称为"6-3"的 PPT 做课后练习。

6.4　图标在幻灯片中的 5 种应用方式

图标的图形结构简单，信息传达力强。相比图片它占用的空间小，相比文字它传递的信息更加直观高效。图标在幻灯片设计中的应用有很多，将图标设计的应用归纳为以下 5 种方式。

6.4.1　充当幻灯片背景

对于利用图标作为设计元素充当背景，我们其实并不陌生。在很多的颁奖典礼上，明星驻足拍照的背景墙就是用无数个 LOGO 叠加设计而成。尤其在一些发布会的幻灯片设计中，也会经常看到它的身影，如图 6.22 所示。

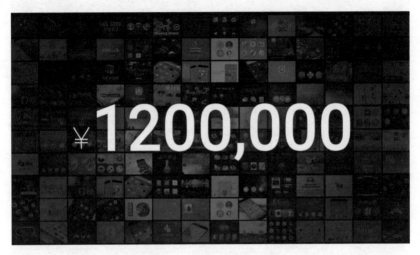

图 6.22　图标充当幻灯片背景

在日常的幻灯片设计中，用图标排列组合而成的背景是比较常见的。这种幻灯片背景的类型，我们在第 3 章中讲解过。

使用图标设计幻灯片背景，相比图片背景要简约，比纯色背景画面更丰富。使用图标设计的幻灯片背景既有背景画面的美感，又可以起到陪衬主题的作用，如图 6.23 所示。

利用图标设计的幻灯片背景看似复杂，其实制作起来相当简单。不需要将图标一个又一个地排列，只需借助一个设计神器就够了。在这里，为大家推荐一个图标背景的在线设计网站：Patterninja（https://patterninja.com）。

Patterninja 网站不仅提供了图标素材，还支持自行上传图标素材。这里的图标大小和角度都可以任意调整，背景颜色也可以替换。设计好图标背景后，直接下载即可，十分方便，如图 6.24 所示。

图 6.23   使用图标设计幻灯片背景

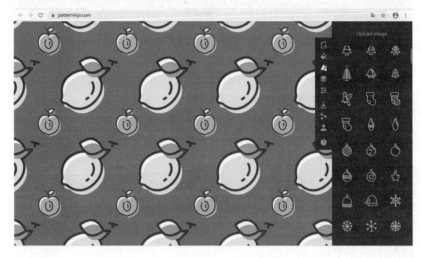

图 6.24   Patterninja 网站

　　类似这种矩阵式的将图标铺满整页幻灯片的，还有一种常见的应用方式，通常在展示公司服务的客户、产品的应用领域、合作的伙伴名称等品牌矩阵上应用比较广泛，如图 6.25 所示。

图 6.25　图片来源：魅族 MX4 发布会幻灯片

将图标整齐地排列在幻灯片中，需要借助"格式"菜单下的"对齐"功能。关于"对齐"的使用方法，在第 2 章中讲解过。

6.4.2　补充文字信息

图标作为文字信息的补充和解释功能，被广泛地应用在幻灯片设计中。使用图标补充文字信息的排版方式有多种多样，其设计排版可以归纳总结为三种类型：排列式、环绕式和错落式。

1. 排列式设计

排列式设计，顾名思义就是将图标整齐地排列在幻灯片中，这是图标最基础的排版方式。这种排版方式的特点在于操作简单，而且幻灯片的版面设计干净、整齐，如图 6.26 所示。

排列式设计并不局限于将图标横向排列，还可以纵向排列，如图 6.27 所示。

图 6.26　横向排列图标

图 6.27　纵向排列图标

2. 环绕式设计

　　环绕式设计就是将图标围绕着一个核心主题内容，按照弧形的轨迹排列。当一个主题需要展示不同层面的内容时，使用环绕式设计可以清晰、有层次地将主体内容的特点逐一展现出来，如图 6.28 所示。

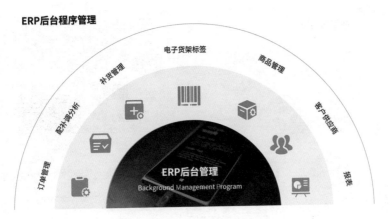

图 6.28　环绕式设计排版

环绕式设计还可以结合产品特点，将产品功能的图标环绕排列在产品的四周，给人一种产品功能跃然纸上的感觉，如图 6.29 所示。

图 6.29　功能图标环绕产品

3. 错落式设计

当一页幻灯片需要展示多个图标时，还可以采用错落式的排版设计。和"环绕式设计"不同，它不需要按照环形的固定轨迹排列，并且图标的大小可以有所不同，如图 6.30 所示。

图 6.30　错落式排版设计

从表面上看，"错落式设计"将图标错落摆放好像没有什么规律。实际上，它却悄悄地遵循着"视觉平衡"的原则。所谓"视觉平衡"，就是保持页面上的图标视觉比重看起来是对称的。

幻灯片中的图标整体看上去是一个不规则的图形，但是图标的左上与右下相对较长，左下与右上相对较短，这就形成了长度上的对称，实现了很好的视觉平衡，如图 6.31 所示。

图 6.31　错落式设计保持视觉平衡

6.4.3　修饰幻灯片页面

图标还可以作为设计元素，起到修饰幻灯片页面的作用。不过，借助图标修饰幻灯片，对设计人员的审美能力有一定的要求。尤其是多个图标出现在一页幻灯片的时候，为了避免刻板的设计风格，图标的比例大小以及摆放的位置通常都不大规则，这对设计排版提出了一定的要求，如图 6.32 所示。

图 6.32　使用图标修饰幻灯片

对于一个设计新人，不要过多地应用图标设计幻灯片页面。毕竟这样的设计费时又费力，一旦设计不好，很容易造成车祸现场。

6.4.4　设计艺术文字

使用图标替换文字笔画、设计艺术文字，需要运用 PPT 中的"布尔运算"功能。具体的操作方法在第 5 章中已经讲解过，如图 6.33 所示。

图 6.33　使用图标替换文字笔画

　　使用图标设计艺术文字的方法还经常出现在品牌标识、城市图标、主题文字等设计上。它们形象生动地传达了设计体验，将图形与文字很好地融为一体，如图 6.34 所示。

图 6.34　使用图标设计艺术文字

6.4.5　设计图标云

图标云和前面讲过的文字云一样，就是将图标排列成某个特定图形的样式。当需要用图标来表现特定的视觉含义时，可以采用这种形式。

运用若干个小图标排列在云的图形内，展示平台云服务的内容再合适不过，如图 6.35 所示。

图 6.35　图标云设计

同样地，借助图标云还可以为幻灯片配图，与主题内容完美契合，如图 6.36 所示。

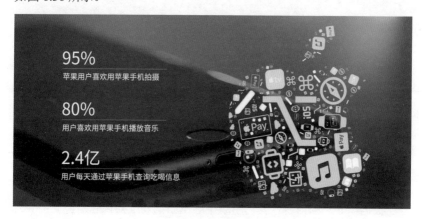

图 6.36　图标云配图

像这样的图标云是如何制作的呢？在这里，给大家推荐一个 PPT 的插件"口袋动画"（papocket.com）。

口袋动画的操作十分简单。首先，系统自带了图标云的轮廓图形供我们选择，可以一键插入，也可以自定义上传图形。然后将准备好的若干图标插入进来，就可以一键生成图标云，如图 6.37 所示。

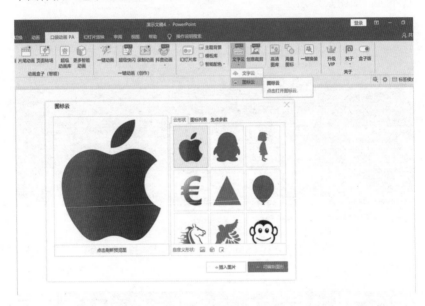

图 6.37　使用口袋动画制作图标云

其实，口袋动画的核心功能是 PPT 动画制作。它简化了 PPT 动画设计的过程，尤其对新手小白的体验是十分友好的，喜欢 PPT 动画的读者不妨尝试应用。

6.5　小　　结

根据第 6 章的内容，我们用思维导图归纳一下知识脉络，如图 6.38 所示。

图 6.38　知识脉络

第 7 章

图表，表达可视化信息的神器

在 PPT 设计中流传着一句话：文不如图，图不如表。尤其在阐述观点的时候，有理有据的表达方式往往是用数据说话，用图表传递信息。

用好图表不仅可以提升信息内容的可信度，而且还能让我们的观点更具有说服力，让观众更直观地接收传递的信息。

7.1 一个完整的图表需要哪些内容

通常来说，一个完整的图表主要包括 4 个方面：标题、图例、注解和图表区，如图 7.1 所示。

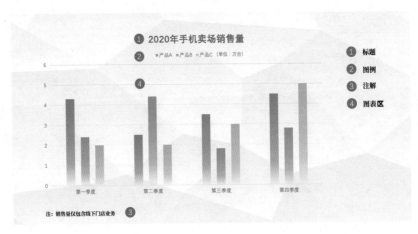

图 7.1 完整的图表

（1）标题一般分为两种。一种是概括主题式的标题，如"某公司2020 年销售业绩"；另一种是总结式标题，如"2020 年销售额实现60% 的增长"。前者概括示意图表的主题内容；后者提炼结论信息。

（2）图例是对图表中"形状"的一种解释，阐述形状所代表的信息。图例有时还会标注单位，如"销售量（单位：万台）"等。

（3）注解是对图表的特殊解释。它可以是图表的补充信息，如"销售量仅包含线下门店业务"；也可以是图表的数据获取来源，如"信息来源：北区销售总部"等。

（4）图表区作为整个图表最核心的组成部分，包含了绘图区和数据系列两部分内容，如图 7.2 所示。

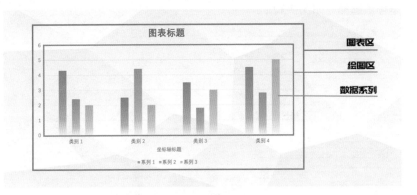

图 7.2　图表区的内容

1）绘图区是图表的绘制区域。它以坐标轴为界，包括数据系列、分类名称、刻度线和坐标轴标题等内容。

2）数据系列指的是图表中相关的数据点。在图表中，每个数据系列都可以用不同的颜色或者图案加以区分。在同一张图表中可以绘制多个数据系列，通过数据系列之间的比较可以直观地获得信息。

对于以上三个区域的认知是十分必要的。因为在接下来的操作中，我们只有选中相应的区域才能进行相关操作。现实中，因为很多人一开始就分不清这几个区域，所以为后续的操作带来很多的麻烦。

7.2　选对图表，是做好图表的第一步

绘制图表就是将数据转化为可视化信息的过程，明确图表要实现的目的往往比制作图表本身更加重要。如果对数据认识不够清晰，就无法选择出正确的可视化方式。

通常，我们将制作数据可视化的图表分为三个步骤：选择图表、图表配色和突出信息。首先了解一下如何根据数据内容选择合适的图表类型。

图表类型的选择与数据内容息息相关，每种图表都有自己独特的表达逻辑。在 PowerPoint 2019 版本中，一共有 17 种图表类型，60 多个版本可供选择，如图 7.3 所示。

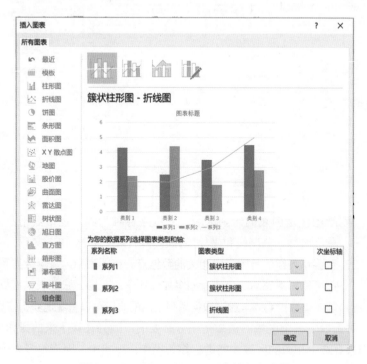

图 7.3　PowerPoint 2019 中的图表类型

这么多的图表，我们该如何选择呢？在这里，我把常用的图表按照功能的属性大致分为 4 种类型：数值比较、变化趋势、组织占比和状况分布。

7.2.1　比较数值大小：柱形图和条形图

柱形图是将数据转化为柱形形状的可视化结果，通过柱形的高度差反映数据差异，有效地对一组或者几组数据进行直观的比较。

常见的数据类型有：产品价格分布、销售业绩的排名、人群年龄分布等，如图 7.4 所示。

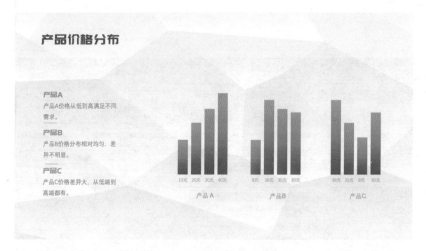

图 7.4　产品价格分布的柱形图

条形图和柱形图十分相近，如果我们将柱形图顺时针旋转 90°，就得到了条形图，如图 7.5 所示。

通常来讲，条形图与柱形图可以互相转换。但是在两种情况下更建议使用条形图：一是强调排名情况，如常见到的 TOP 10 排行榜；二是数据展示过长时，受幻灯片页面的限制更适合使用条形图，如图 7.6 所示。

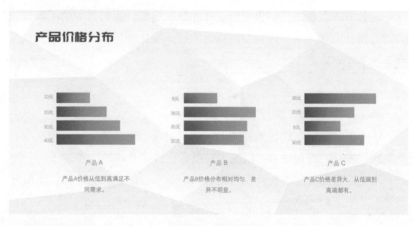

图 7.5　产品价格分布的条形图

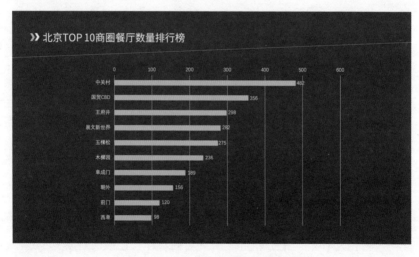

图 7.6　展示 TOP 10 排行榜的条形图

7.2.2　展现变化趋势：折线图和面积图

折线图表示数据随着时间变化而改变的动态数据，主要表现某段时间内数据的变化趋势。常见的数据类型有：产品的销售趋势、用户的增长量等，如图 7.7 所示。

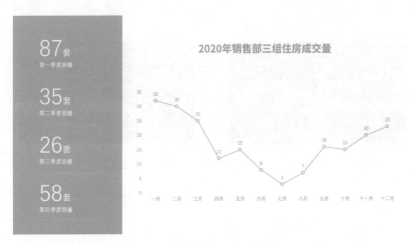

图 7.7　显示趋势变化的折线图

　　除了折线图，面积图同样也能呈现数据变化的趋势。两者除了线和面的外观区别外，主要区别还在于应用场景的不同。

　　当展示多组数据时，由于数据大小的不同，面积图会多层叠加，图表信息的辨识度也会随之降低，此时选用折线图更为合适，如图 7.8 所示。

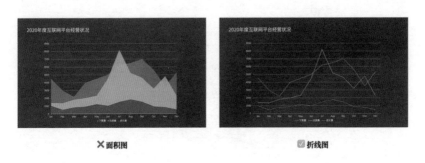

图 7.8　数据叠加，选择折线图

当然也会遇到特殊的情况。例如，在纵向上与其他类别进行比较时，数据不会相互重叠，此时选用折线图或者面积图都合适，如图 7.9 所示。

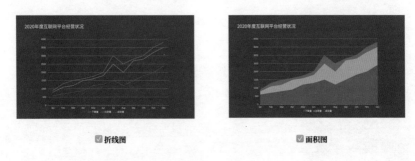

图 7.9　数据纵向比较，折线图和面积图都适用

7.2.3　显示组织占比：饼图和圆环图

　　饼图展示的是图表中每个部分在整体的占比情况，构成比例一目了然。常见的数据类型有：某平台访问端口占比、某区域人员构成占比等，如图 7.10 所示。

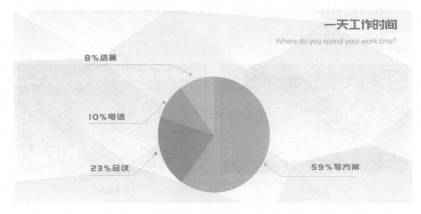

图 7.10　一天工作时间占比的饼图

展示构成比例还可以使用圆环图。圆环图的表达方式可以多样化，借助颜色的差异性可以让信息的对比更加明显，如图 7.11 所示。

图 7.11 圆环图

7.2.4 展示状况分布：雷达图

雷达图对很多人来说虽然不常用，但是并不陌生。如果你是一位体育爱好者，就会经常在媒体上看到球员在比赛过程中综合表现的雷达图，如图 7.12 所示。

图 7.12 雷达图

所以，当我们需要表达各个参数的分布情况时，通常选用雷达图。常见的数据类型有：人员的综合表现分析、产品的竞争力分析等，如图 7.13 所示。

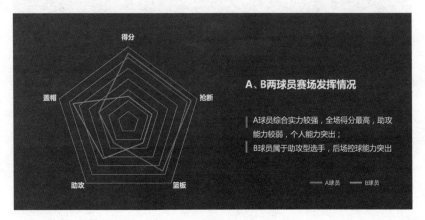

图 7.13   球员综合表现的雷达图

7.3   高质量图表离不开两个重要因素

前面讲过，制作数据可视化的图表分为三个步骤：选择图表、图表配色和突出信息。本节我们来讲解制作可视化图表的另外两个重要因素。

7.3.1   合理搭配颜色

适用于图表的配色方案，种类繁多。好的配色方案能够让图表吸引观众的注意，脱颖而出。尴尬的配色方案，只会让观众失去阅读的兴趣。

读到这里，你可能会问：如果不懂配色就不配拥有一个好看的图表吗？

还记得我们在形状和文字章节中讲过渐变色的调节方法吗？在这里，为图表添加渐变色同样适用，如图 7.14 所示。

图 7.14　为图表添加渐变色

另外，我再推荐一个配色网站 Color Hunt（https://colorhunt.co）。这里提供了多种配色方案，我们只需要借助吸管工具吸取上面的颜色，就可以轻松实现图表配色，如图 7.15 所示。

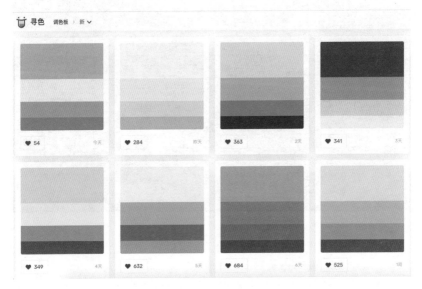

图 7.15　Color Hunt 网站

7.3.2   突出重点信息

有时为了突出重点信息，需要对图表的部分数据做特殊处理。增加它们与其他数据的对比，吸引观众的注意。这也是设计四原则中对比性原则的重要体现。

接下来推荐三个对比的方法，帮助你在制作图表的过程中更直观地表达核心观点。

1. 用颜色强调重要数据内容

借助颜色强调数据内容，可以让观众第一眼看到幻灯片的关键信息，简化阅读理解。

如图 7.16 所示，左边的图表通过加粗和标红折线图的部分内容来显示人员流动较少的时间段，从而突出展示人员管理合格的部分。右边的图表通过颜色的区分，突出展示产品 E 相比其他产品销量剧增的状况。

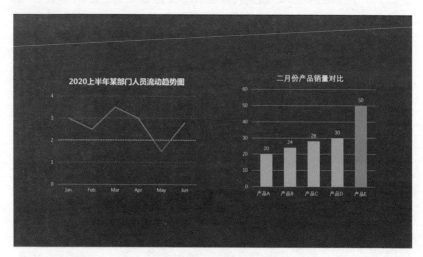

图 7.16   用颜色区分重要数据内容

2. 把不重要的内容变为灰色

在对比信息的时候，一些数据只是起到陪衬重点信息的作用。对于这些不重要又不能删除的数据，可以将它们变为灰色。这种方法和前面提到的第一种方法有着异曲同工之妙。

为突显某款旗舰手机的重量，图表中将其他的数据变为灰色。这不仅达到了很好的对比效果，也让观众一目了然地看清楚产品 E 的竞争优势，如图 7.17 所示。

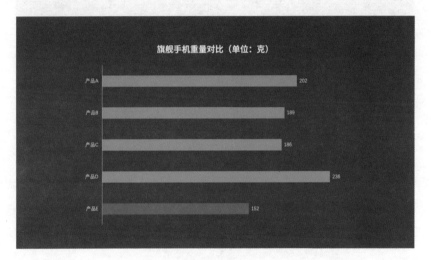

图 7.17　把不重要的内容变为灰色

3. 添加必要的辅助信息

添加辅助信息是对重点信息的补充说明，一针见血地让观众看出图表所表达的结论。

这张图表想告诉我们，某 4S 店的销售业绩起起落落。加上了标注信息后，观众会瞬间注意到 2 月份的时间节点上的标注信息，并告诉大家从 2 月份开始销售业绩出现上升的趋势，如图 7.18 所示。

为了展现某款车型百米加速度的对比，特别添加了辅助线并标注了相关信息，让车型的对比进一步拉开距离，如图 7.19 所示。

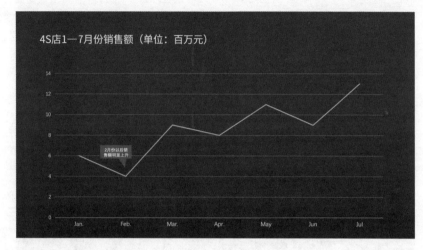

图 7.18 标注辅助信息

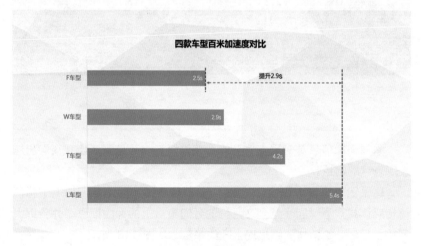

图 7.19 添加辅助线

所以，为了更有效地传递重点信息，更直观地表达观点结论，有时需要对图表进行再加工，做出一些突出重点信息的标注提示是十分必要的。

7.4　通过三个设计技巧提升可视化图表

图表的使用并不局限于 PPT 自带的模板，我们可以通过设计技巧改变图表中数据系列的形状，甚至可以用图片更加生动地表达可视化图表。

7.4.1　用形状填充数据系列

DIY 图表你尝试过吗？通过绘制几何形状填充数据系列，使图表更加新颖、更具有表现力。

其操作方法可以说相当简单。绘制一个三角形状的几何图形，为它填充一种颜色。选中绘制的三角形状，按 Ctrl+C（复制）组合键，再选中图表中的数据系列，按 Ctrl+V（粘贴）组合键，即可完成数据系列形状的更改，如图 7.20 所示。

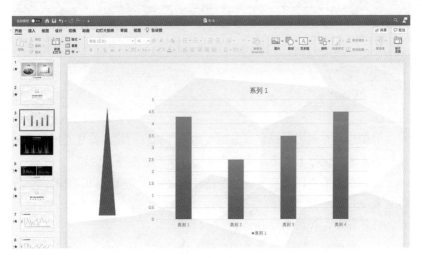

图 7.20　使用"复制＋粘贴"替换图表数据系列

在这里要注意的是，更改后的数据系列不能再改变颜色和形状。如果想要更改其属性，需要在原来的几何图形上更改颜色和形状，并重新进行复制和粘贴。

　　复制和粘贴是设计图表技巧的理论基础。利用这种替换的方法可以绘制出各种不同形状、不同颜色的图表，如图 7.21 所示。

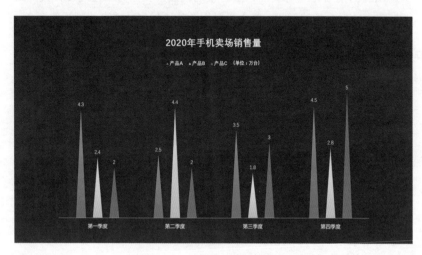

图 7.21　用形状填充图表数据系列

7.4.2　用图片填充数据顶点

　　用图片填充图表和形状填充图表的设计原理一样，都是通过复制和粘贴的方法实现。本小节，我们先从图片填充数据顶点讲起。

　　结合图表的主题内容下载一个图标或是一张 PNG 格式的图片素材，将它复制，选中图表中的数据系列，再单击数据系列中的一个数据顶点，进行粘贴，如图 7.22 所示。

　　如果要把这些图变成平滑的曲线，在"设置数据系列格式"设置框中的"线条"选项组中勾选"平滑线"复选框就可以。

　　值得注意的是，当第一次选中数据系列时，数据系列中的所有顶点都会出现，如果直接粘贴，每个顶点上都会被图片填充。这时，需要根据图表类型的不同适当选择数据顶点进行粘贴。

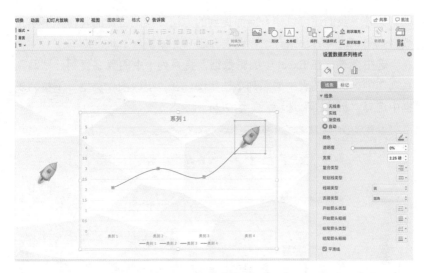

图 7.22　用图片粘贴数据顶点

另外，粘贴在数据顶点上的图片不可编辑。所以，在一开始就应该将图片的大小和方向调整好再进行复制、粘贴，如图 7.23 所示。

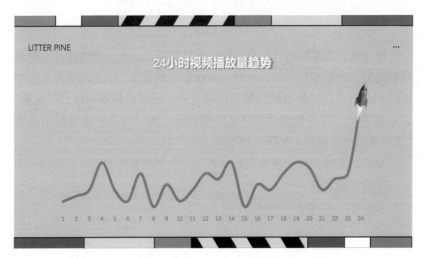

图 7.23　调整好图片大小和方向再进行复制、粘贴

　　另外，我们还可以结合前面提到的方法，绘制特殊的几何图形填充数据系列。两种方法结合，让图表看起来更加新颖生动。

　　选中图表，在 Excel 中编辑数据，将系列 1 中的数字复制，粘贴到系列 2 中。选中图表中的系列 2 柱状图，在"更改图表类型"下拉列表框中选择"折线图"选项，如图 7.24 所示。

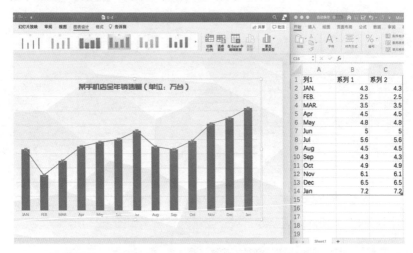

图 7.24　编辑数据，更改图表类型

　　接下来，将绘制的几何形状粘贴到柱状图上，将火箭的图片素材粘贴到折线图的数据顶点上。此时，折线图仍然存在，我们需要再次选中折线图，右击，在弹出的快捷菜单中选择"设置数据系列格式"选项，在右侧弹出"设置数据系列格式"设置框，在"线条"选项组中选中"无线条"单选按钮，如图 7.25 所示。

　　最后，去掉多余的图表设计元素，一个生动有趣的图表就制作出来了，如图 7.26 所示。

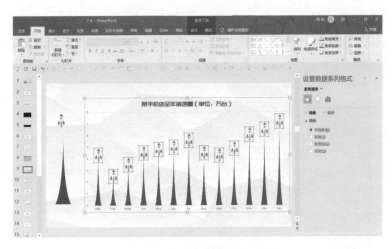

图 7.25　复制、粘贴形状和图片

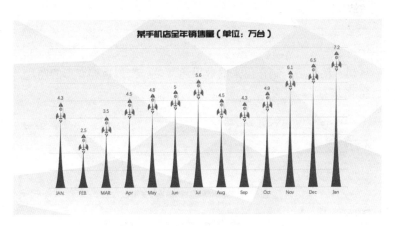

图 7.26　形状 + 图片填充图表

7.4.3　用图片填充数据系列

通过图片填充数据系列还可以玩出更多的花样，其设计原理都离不开复制和粘贴。

插入一个图标或是一张 PNG 格式的图片素材。选中图片素材，按 Ctrl+C（复制）组合键，再选中图表中的数据系列，按 Ctrl+V（粘贴）组合键，如图 7.27 所示。

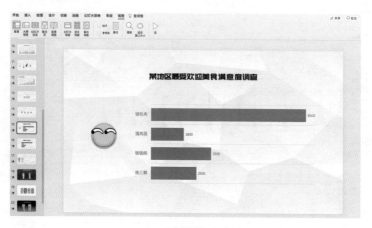

图 7.27　使用"复制＋粘贴"填充数据系列

　　复制、粘贴后，制作出来的效果通常是一张被拉伸变形的图片，如图 7.28 所示。

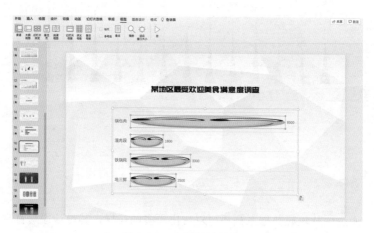

图 7.28　素材被拉伸变形

　　这时候，我们需要选中被图片填充的数据系列，右击，在弹出的快捷菜单中选择"设置数据系列格式"选项，在右侧弹出"设置数据系列格式"设置框，在"填充"选项组中选中"层叠并缩放"单选按钮。这样，图片就变成了多个正常比例的图片素材了，如图 7.29 所示。

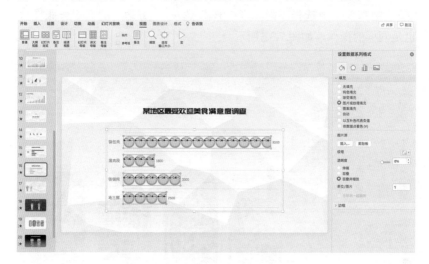

图 7.29　素材恢复正常比例

　　用图片填充数据系列可实现的设计效果不止于此，还可以用图片完全替代数据系列来显示图表的占比情况，如图 7.30 所示。

图 7.30　用图片完全替代数据系列来显示图表的占比情况

所谓"巧妇难为无米之炊，PPTer 难为无素材之设计"。想要设计出这样的图表，首先需要准备好优质的图片素材。

　　准备好"可乐"和"芬达"两张 PNG 格式的图片，并将它们各自复制一张。选中其中一张"可乐"的图片，在"图片格式"菜单下的"颜色饱和度"中选择"饱和度：0%"选项。"芬达"的其中一张图片也是同样的操作，如图 7.31 所示。

图 7.31　调节图片的颜色饱和度为"饱和度：0%"

　　接下来，我们需要新建一页幻灯片。在新建的幻灯片中插入一个柱形图表。

　　在弹出的 Excel 工作表中删除多余的系列和类别，各保留两个即可。将"系列 1"填写为 100%，"系列 2"根据内容需要填写相应的百分比，如图 7.32 所示。

　　然后就是给图表"卸妆"了。在"图表元素"中去掉"坐标轴""图表标题""图例""网格线"设计元素，只保留 4 个柱状图即可，如图 7.33 所示。

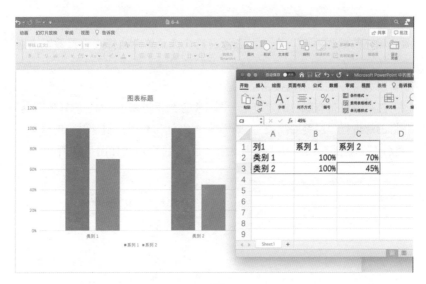

图 7.32　更改 Excel 中的数据

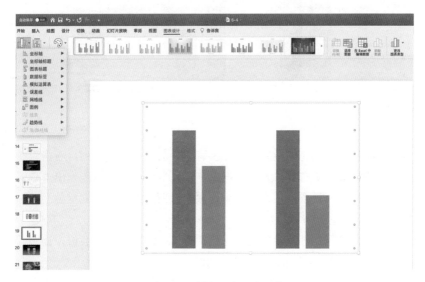

图 7.33　去掉图表设计元素

将灰色的"可乐"图片粘贴到"类别 1"的左侧柱形图上。选中被图片填充的数据系列，右击，在弹出的快捷菜单中选择"设置数据点格式"选项，在右侧弹出"设置数据点"设置框，在"填充"选项组中选中"层叠并缩放"单选按钮。

　　然后，将带有颜色的"可乐"图片粘贴到"类别 1"的右侧柱形图上，并将图片进行"层叠并缩放"。同样地，"芬达"的图片则是对应地粘贴在"类别 2"的柱形图上，并将图片进行"层叠并缩放"，如图 7.34 所示。

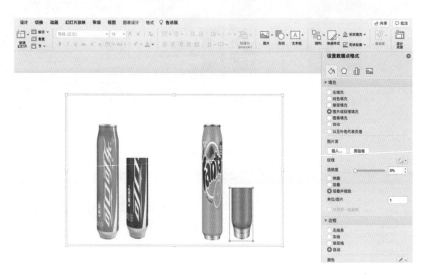

图 7.34　将图片复制、粘贴，并层叠缩放

　　此时被图片填充的数据系列还没有重叠。选中数据系列，右击，在弹出的快捷菜单中选择"设置数据系列格式"选项，在右侧弹出"设置数据系列格式"设置框，在"系列选项"选项组中将"系列重叠"调到100%，此时两张图片重叠。

　　然后，参照幻灯片中的图片比例调整"间隙宽度"的数值，让图片达到适中的显示比例，如图 7.35 所示。

　　之前，我将这段图表的制作视频放在哔哩哔哩上，有粉丝留言问我：直接将带有颜色的图片裁剪、覆盖到灰色图片上岂不更简单？

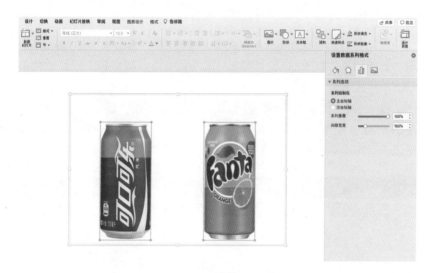

图 7.35　调节"系列重叠"和"间隙宽度"

　　的确如此，借助这样的障眼法可以制作出类似的设计效果。不过，值得注意的是：有色图片在灰色图片中的占比，我们未必拿捏得准确；另外，当数据发生变化时，需要重新裁剪图片。不像现在这样，如同给图表设计了一个"编程"，只要更改数据，图表就会自动显示占比情况。

随　堂　小　考

　　关注公众号（ID：gouppine），回复关键字"随堂小考"。在文件中找到名称为"7-4"的PPT做课后练习。

7.5　借助在线资源，分分钟制作高大上的图表

　　制作好看的可视化图表的确需要花费一些心思。不过还有一种更加简单有效的方法，可以分分钟制作出高大上的可视化图表，就是借助在

线资源。

　　首先推荐的就是 iSlide，这是基于 PPT 的一键化效率插件。iSlide 的"智能图表"有 3000 多个图表样式，其中很多都是 PPT 设计大神贡献的，样式新颖美观。

　　在 iSlide "智能图表库"中一键插入图表，在"智能图表编辑器"中调整数值或滑动滑块，即可更改图表方案，相当方便，如图 7.36 所示。

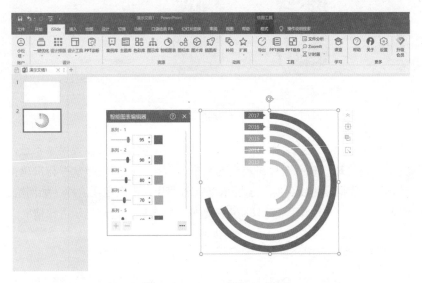

图 7.36　iSlide 的"智能图表"

　　其次推荐的是图表秀。这是一款提供免费在线的图表制作工具，操作简单，图表美观，支持将图表分享到微信、微博等社交网络上。

　　图表秀支持快速制作高级可视化图表，支持个性化定制数据分析报告，支持图表间联动交互，支持动态播放和社会化分享，支持 PPT 插入动态图表等功能，如图 7.37 所示。

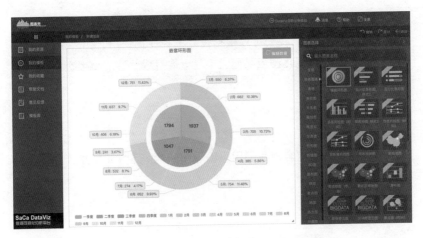

图 7.37 图表秀

最后推荐的是花火（Hanabi）。网站具有极简风格的 UI 设计，配色清新。它提供了 9 大种类、6 大场景、50 多款图表，可以轻松帮你制作动态的可视化图表，并且支持导出 GIF 或 MP4 两种格式的文件，如图 7.38 所示。

图 7.38 花火

这里除了 iSlide 这样的 PPT 插件，大部分在线资源网站都不支持导出 pptx 格式，所以我们可以根据需要选择性地使用。如果亲自动手，DIY 一个好看的可视化图表又何尝不是一件有成就感的小事？

7.6　小　　结

根据第 7 章的内容，我们用思维导图归纳一下知识脉络，如图 7.39 所示。

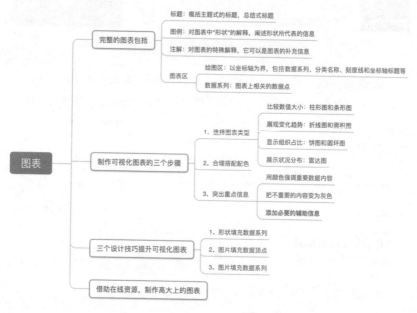

图 7.39　知识脉络

第 8 章

动画，帮你绘声绘色地演示 PPT

PPT 动画可能是很多人都十分感兴趣的内容，网上甚至有很多动画牛人用 PPT 做出来的动画效果堪比电影。类似这样的动画作品，从脚本设计到动画设置，没有一定的实力与时间的积累是没办法制作出来的。

不过，类似这样的"鸿篇巨制"在实际应用中并不会用到。接下来就讲解一下可能用到的动画内容。

8.1 加不加动画，这是个问题

在写这本书的时候，我曾考虑要不要写"动画"这个篇章。以我多年的策划工作经验，我几乎很少在方案中添加动画，即使添加也是一两个最基础的"进入"和"退出"动画。

动画作为附加的属性功能，用得好是锦上添花，用得不好就是画蛇添足。

添加动画与否，首先要根据展示场合的不同而定夺，如工作汇报、论文答辩、公司简介、项目竞标、个人简历……这些是我们接触得最多的展示场合。这种类型的 PPT 属于阅读型内容，展示的场合通常也比较正式、严谨，适合静态展示。

特殊情况下，我们还可能对这类 PPT 进行打印。由于动画的展示涉及文字、图片等内容摆放位置的不同，一旦将添加了动画的 PPT 打印出来，就会导致严重的阅读障碍。

不过，在一些演讲场合还是可以适当地使用 PPT 动画的。有效地利用动画，不仅可以增加演说的层次感，帮助观众对演说内容有进一步的理解；还可以吸引观众的注意，营造现场氛围。

　　PPT 动画是一个大课题，可以单独拿出一本书的篇幅去讲解。在这里，由于篇幅和实际应用的限制，我不打算对"动画"展开讲解。在接下来的内容中，我将开门见山地讲解几个常用的、实用的案例，以及分享一些在我的自媒体平台上爆款的视频案例，供大家参考学习。

8.2　神奇的平滑切换，让页面转换更自然

　　看似复杂的动画演示，其背后可选的动画类型比较有限。PPT 动画主要分为 4 个大类：进入、强调、退出和路径。而一个好的动画的展示，并不在于使用了多么丰富的动画技巧，而更重要的是创意内容的体现。接下来，我们首先了解一下简单又神奇的平滑切换。

8.2.1　平滑切换简介

　　平滑切换，准确来说不算 PPT 动画的一种。因为"平滑"功能在"切换"选项中，并不在"动画"选项中。在 Keynote 中，人们称之为"神奇移动"。此功能倒也不负其名，幻灯片切换起来，那叫一个"神奇"。

　　平滑切换是 PowerPoint 2016 新增的"切换"选项功能，也是最近几年 PPT 中一个比较重要的更新。相比其他尴尬的切换效果，平滑切换可谓清新脱俗，可以让幻灯片无缝衔接地播放。

　　要想实现平滑切换，首先要了解它的基本原理——在两个幻灯片页面上，必须是同一个对象发生参数的变化。这里的参数包括位置、大小、形态、角度、翻转、裁剪等，我们依次来看一下。

　　（1）位置变化：两页幻灯片的同一个元素如果发生位置的变化，这个元素就会在幻灯片上自然地滑动过去。这种位置变化的效果和路径动画效果一样，如图 8.1 所示。

（a）第 1 页　　　　　　　　　　（b）第 2 页

图 8.1　位置参数变化

（2）大小变化：两页幻灯片的同一个元素如果大小不同，平滑切换后，就会看到该元素变大或变小的过程，如图 8.2 所示。

（a）第 1 页　　　　　　　　　　（b）第 2 页

图 8.2　大小参数变化

（3）形态变化：两页幻灯片插入同一个形状，在第 2 页上对该形状进行拉伸变形，平滑切换后就会呈现形状被拉伸的动态过程，如图 8.3 所示。

（a）第 1 页　　　　　　　　　　（b）第 2 页

图 8.3　形态参数变化（拉伸形状）

　　除了拉伸形状，还可以通过编辑形状控点改变形状的形态。单击形状，调节形状上的黄色控点，即可调节形状的形态，如图 8.4 所示。

（a）第 1 页　　　　　　　　　　（b）第 2 页

图 8.4　形态参数变化（编辑形状控点）

　　（4）角度变化：两页幻灯片插入同一个形状，在第 2 页上对该形状进行角度旋转，平滑切换后就会呈现旋转的动态过程，如图 8.5 所示。

（a）第 1 页　　　　　　　　　　（b）第 2 页

图 8.5　角度参数变化

（5）翻转变化：如果让元素发生垂直或水平方向的翻转，平滑切换后，也会呈现一种翻转的动态展示，如图 8.6 所示。

（a）第 1 页　　　　　　　　　　（b）第 2 页

图 8.6　翻转参数变化

（6）裁剪变化：这个参数的变化可以很好地体现平滑切换功能的强大。利用"裁剪"选项功能将同一张图片裁剪成两个不同的区域。平滑切换后，图片将以第 1 页幻灯片的裁剪区域作为起始位置开始滑动，最终定格在第 2 页幻灯片的裁剪区域，如图 8.7 所示。

　　　　（a）第 1 页　　　　　　　　　　（b）第 2 页

图 8.7　裁剪参数变化

8.2.2　文字拆分动画

　　了解了平滑切换的基本原理，接下来，我们看一下平滑切换是如何应用到实际操作中的。

　　借助布尔运算可以把文字的笔画进行拆分。拆分文字笔画的方法在"文字篇"讲解过，这里不再赘述，如图 8.8 所示。

图 8.8　使用布尔运算拆分文字笔画

将被拆分的文字笔画的幻灯片复制在第 2 页幻灯片中，将文字笔画分散排列在幻灯片中。添加"平滑切换"后，就会呈现出文字灰飞烟散的动画效果，如图 8.9 所示。

图 8.9　使用文字笔画拆分后添加平滑切换

8.2.3　图片轮播动画

　　图片的轮播动画在近期的手机发布会上出现过。借助"平滑切换"可以轻松实现图片动态播放的演示效果。

　　首先要下载一张长图。长图的左端与幻灯片的左端对齐，文字居中，如图 8.10 所示。

　　在第 2 页幻灯片中，长图的右端与幻灯片的右端对齐，文字位置不变。添加"平滑切换"后，由于文字的位置不变，长图发生平滑移动，自然地形成图片滚动播放的动画效果，如图 8.11 所示。

图 8.10　长图的左端与幻灯片的左端对齐

图 8.11　图片滚动播放的效果

8.2.4　展示细节动画

　　几年前，老罗在手机发布会上讲到工业设计时，用幻灯片展示手机底部细节被放大的动画，震惊了很多幻灯片的爱好者，甚至有人一度认为是视频制作出来的。这个动画最早是用 Keynote 设计的，不过伴随着 Office 推出平滑切换，这个动画也能在 PPT 中轻松实现。

利用这个动画可以使页面呈现出局部被放大的效果，突出重点内容，展现产品细节。在设计之前，首先需要准备好素材：放大镜的 PNG 图片、一张带有实物的背景图，如图 8.12 所示。

图 8.12　准备制作素材

在第 1 页幻灯片中，将图片铺满页面当作背景使用。复制这张图片，并将图片放大。选中被放大的图片，将图片中局部的位置裁剪为圆形。要注意的是，被裁剪的区域是放大的展示区，应该与背景图中的实物展示区域吻合，如图 8.13 所示。

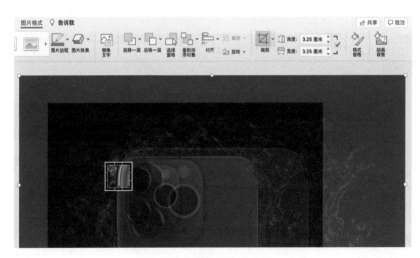

图 8.13　复制的图片局部被裁剪成圆形

将放大镜的 PNG 图片放在被裁剪的图片上，如图 8.14 所示。

图 8.14　将放大镜放在被裁剪的图片上

将第 1 页幻灯片复制，在第 2 页幻灯片中选中被裁剪的图片，选择"裁剪"选项功能，拖动被裁剪区域的位置。再为第 2 页幻灯片添加"平滑切换"，即可完成放大镜从上到下的平滑移动，如图 8.15 所示。

图 8.15　在第 2 页幻灯片上拖动裁剪区域

随　堂　小　考

　　关注公众号（ID：gouppine），回复关键字"随堂小考"。在文件中找到名称为"8-2"的 PPT 做课后练习。

8.3　发生位移的变化，只差一个路径动画

　　路径动画和平滑切换的位置移动动画效果一样，优点在于可以在一页幻灯片上完成。下面分享一个案例来看一下路径动画在实际中是如何被创新应用的。

8.3.1　数字滚动动画

　　这是在发布会上最常见的一种动画。当产品价格公布时，为了制造悬念，商家们通常会让数字在大屏幕上滚动一会儿再定格公布。

　　这样的动画只需要通过路径动画来完成。如图 8.16 所示，在文本框中纵向插入四组数字，并为这四组数字添加"直线路径动画"，在"效果选项"里调节路径动画的方向。为了让动画效果更为丰富，可以将数字的位置错开摆放，这样数字在滚动时，第一组和第三组向上滚动，第二组和第四组向下滚动。

　　此时，如果直接放映幻灯片，观众就会看到多余的数字出现在幻灯片中。为了遮挡这些数字，我们需要在"设置背景格式"设置框中选中"图片或纹理填充"单选按钮，插入一张图片作为幻灯片的背景。

　　再绘制两个矩形的形状覆盖在价格的上下两端。选中形状，右击，在弹出的快捷菜单中选择"设置形状格式"选项，在右侧弹出"设置形状格式"设置框，在"形状选项"选项卡中选中"幻灯片背景填充"单选按钮，另一个形状也是同样的操作。这样一来，多余的数字就被遮盖住了，如图 8.17 所示。

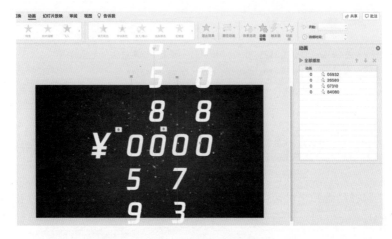

图 8.16　为数字添加"直线路径动画"

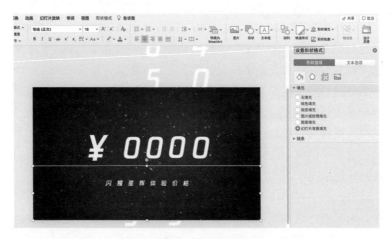

图 8.17　为添加的形状选择幻灯片背景填充

数字滚动的动画效果还可以借助"平滑切换"来完成。其原理和前面的放大镜动画一样，都是借助图片的裁剪功能来实现。

纵向输入一组数字，将数字另存为图片。再将这张图片插入到幻灯片，并对图片进行裁剪，仅保留图片上的末端数字，如图 8.18 所示。

图 8.18　裁剪图片，保留图片上的末端数字

复制第 1 页幻灯片，在第 2 页幻灯片中单击"数字图片"，选择
"裁剪"选项，并将裁剪的区域拖动，仅保留图片上的顶端数字。添加
"平滑切换"后，数字就可以滚动起来，如图 8.19 所示。

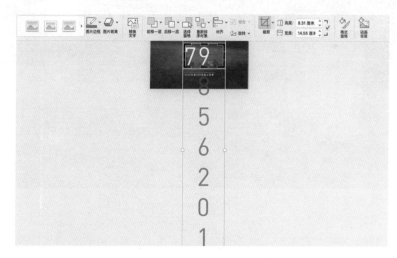

图 8.19　拖动裁剪区域，保留图片上的顶端数字

以上是用图片上的个位数字进行讲解，十位上的数字操作方法相同。

8.3.2　图标落入垃圾桶的动画

接下来分享一下我的自媒体平台上两个爆款的教学视频。

一个是丢垃圾的动画，这个动画同样出现在老罗的手机发布会上，展示的是手机卸载自装软件的动画效果。这个教学视频在今日头条上（小松塔 PPT）的播放量高达 40 万，感兴趣的同学可以去观看。

首先要准备好图标和垃圾桶的 PNG 格式图片。值得注意的是，垃圾桶的顶部"阴影"与"垃圾桶"要分开。这里涉及一个图层的关系问题，如果两者不分离，图标不是被扔到垃圾桶的后面，就是被扔到垃圾桶的前面，如图 8.20 所示。

图 8.20　准备好图片素材

我们将图片摆放好，就要调整图层关系了。将三个图标放置在垃圾桶与阴影之间的图层位置上。操作方法就是，选中阴影，右击，在弹出的快捷菜单中选择"置于底层"选项。选中垃圾桶，右击，在弹出的快捷菜单中选择"置于顶层"选项，如图 8.21 所示。

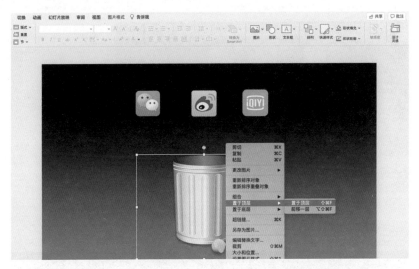

图 8.21　调整图层关系

　　然后，为三个图标添加"直线路径动画"，并选择"与上一动画同时播放"，持续时间可选择 0.75 秒。为了让演示过程更加生动，不要将第三个图标的路径动画的终点直接放进垃圾桶，而是放在垃圾桶的边缘处，如图 8.22 所示。

　　接下来就是整个动画的点睛之笔。三个图标同时进入到垃圾桶，其中第三个图标撞到垃圾桶的边缘，缓缓地坠落，如图 8.23 所示。

　　要想实现这个动态过程，需要再添加两个动画效果。

　　为第三个图标再添加一个"直线路径动画"。路径的起点在垃圾桶的边缘，终点在垃圾桶内。并选择"与上一动画同时播放"，持续时间选择 1.75 秒，如图 8.24 所示。

图 8.22　添加"直线路径动画"

图 8.23　图标撞到垃圾桶边缘缓缓坠落

图 8.24　为第三个图标再次添加"直线路径动画"

选中第三个图标，在"强调动画"中选择"陀螺旋"选项。选择"与上一动画同时播放"，持续时间选择 2 秒。并在"效果选项"的"属性"选项中选择"45°顺时针"旋转，如图 8.25 所示。

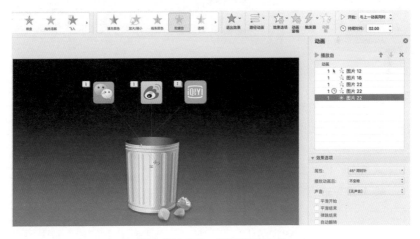

图 8.25　添加"陀螺旋动画"

如此一来，图标就可以撞到垃圾桶的边缘后再掉入垃圾桶，很好地还原了真实的场景。

8.3.3　文件夹推拉动画

接下来再分享另一个爆款的视频作品，文件夹推拉动画。这条视频在哔哩哔哩（小松塔 PPT）的播放量近 90 万，收藏量近 10 万，如图 8.26 所示。

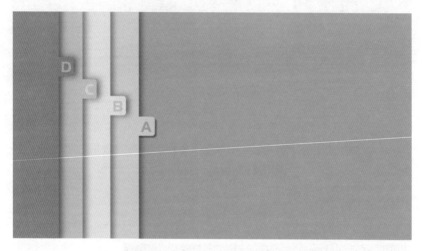

图 8.26　文件夹推拉动画

插入一个大的矩形，再插入一个小的圆角矩形，并分别为两个形状添加阴影。在小的圆角矩形上放置一个字母，颜色与后面的形状颜色相同，视觉上给人一种镂空的效果。将大的矩形、小的圆角矩形、字母三个元素组合。需要制作四组类似这样组合的图形，如图 8.27 所示。

接下来，就是为四组组合图形添加"直线路径动画"，如图 8.28 所示。

在哔哩哔哩的教学视频中，涉及最多的问题就是如何让内页上的文字和组合图形同时出现。

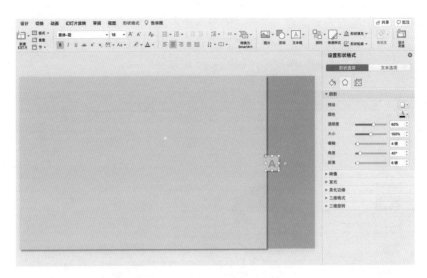

图 8.27　制作四组组合图形

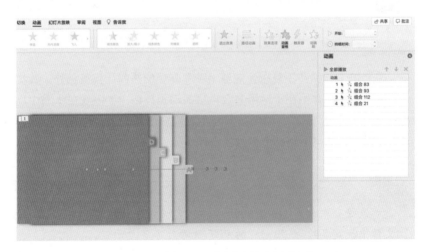

图 8.28　为图形添加"直线路径动画"

以组合图形 C 为例。选中 C 的组合图形，按住 Ctrl 键，加选文字。右击，在弹出的快捷菜单中选择"组合"选项。需要注意的是，这里还有一个图层的关系问题。组合后的图形会重新回到页面的最顶层，此时需要重新调整图层关系，选择"置于底层"中的"下移一层"选项，直到将它调整到合适的图层上，如图 8.29 所示。

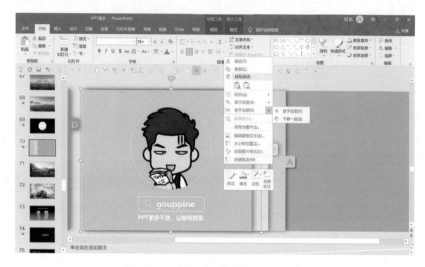

图 8.29　将组合后的图形下移一层

这个 PPT 作品并不复杂，能够上哔哩哔哩的热门让我很意外。其实一个优秀的动画并不在于运用多么丰富的动画技巧。如同我在本书中反复强调的"内容为王"。如果在契合主题内容的基础上，再有一个好的创意表现，就称得上是一个优秀的设计作品了。

随 堂 小 考

　　关注公众号（ID：gouppine），回复关键字"随堂小考"。在文件中找到名称为"8-3"的 PPT 做课后练习。

8.4　3D 动画演示，开启 PPT 未来发展之路

微软更新了 Office 软件的 3D 模型功能以来，PPT 演示提升了一个全新的高度。我个人认为对于 PPT 而言具有里程碑式的意义。PPT 的展现不再只停留在二维的平面上，未来对产品、场景等内容的展示将更加多元化和立体化，如图 8.30 所示。

图 8.30　PPT 3D 模型展示

8.4.1　实现 3D 动画的基本条件

所谓"巧妇难为无米之炊"。想要在 PPT 中插入 3D 模型，所用的软件必须是 Office 2016 或订阅 Office 365 以上的版本，并且计算机中安装的是 Windows 10 系统。

PPT 对 3D 模型的格式也有严格的要求。目前支持的模型文件格式仅包含 fbx、obj、3mf、ply、stl、glb。

以上是对 PPT 版本和 3D 模型格式的基本要求。想要获得高质量的

3D 模型素材应该去哪里找呢？

　　主流的 3D 设计软件都能生成 PPT 可以识别的模型文件，常见的 3D 软件有 3DS Max、Maya、C4D。不过，它们操作起来比较复杂，对新手小白更是一项严峻的考验。

　　这里推荐一款入门级 3D 绘图软件——Paint 3D。它是 Windows 10 系统自带的软件，优点是简单易学，生成的模型文件均可被 PPT 识别；缺点是功能不够强大，制作复杂的 3D 模型就比较吃力了，如图 8.31 所示。

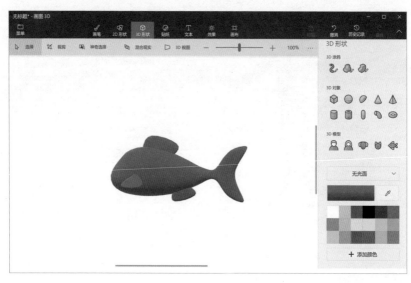

图 8.31　Paint 3D

　　Windows 10 系统还自带了另外一款 3D 模型软件——"3D 查看器"。在软件的"3D 资源库"里有多款 3D 模型可以直接下载使用。在这里还可以调节光线、速度等参数，如图 8.32 所示。

　　和图片、字体一样，坐享其成地下载一套 3D 模型同样是个不错的选择。在这里，不再为大家一一介绍素材网站了。你可以直接到我的公众号（ID：gouppine）查看《全素材库》，了解更多的 3D 模型的素材网站，如图 8.33 所示。

图 8.32　3D 查看器

图 8.33　公众号（ID：gouppine）《全素材库》

8.4.2　3D 模型搭配平滑切换

万事俱备只欠东风，接下来，如何让"3D 模型"这股东风潮在

PPT 中刮起来呢？

在 PPT 中，"3D 模型"与"平滑切换"堪称"完美 CP"。借助平滑切换对 3D 物体进行展示，可以多维度地观看物体，让视觉效果表现得更加真实。

在 PPT 的"插入"菜单下选择"3D 模型"选项。插入 3D 文件，单击 3D 模型，模型上就会出现一个陀螺的图标，调整陀螺就可以对 3D 模型进行任意角度的旋转。在"三维模型"选项中，系统还预设了多个不同角度可供一键选择，如图 8.34 所示。

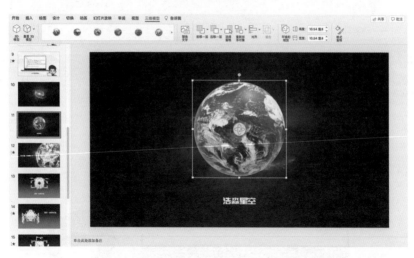

图 8.34　使用"三维模型"选项功能一键调节角度

将第 1 页的幻灯片复制，在第 2 页幻灯片中调节 3D 模型的角度，并将其放大。为这一页的幻灯片添加"平滑切换"。这样一来，一个三维物体由远及近的视觉效果就自然地呈现出来了，如图 8.35 所示。

图 8.35 添加"平滑切换"

8.4.3 3D 模型搭配遮罩动画

在制作这个动画之前，我们有必要认识一下什么是"遮罩动画"。

遮罩动画起源于 Flash 中的一个动画类型。在一个遮罩图层上创建任意形状的"视窗"，遮罩层下方的对象通过该"视窗"显示出来，而"视窗"之外的对象将不会显示。下面可以具体参见一下演示步骤，如图 8.36 所示。

图 8.36 3D 模型搭配遮罩的动画

在 Windows 10 系统自带的"3D 查看器"中找到"3D 资源库"，选中其中一个 3D 模型进行下载，如图 8.37 所示。

图 8.37　"3D 查看器"中的"3D 资源库"

　　在 PPT 新建的幻灯片页面上右击，在弹出的快捷菜单中选择"设置背景格式"选项，在右侧弹出"设置背景格式"设置框，在"填充"选项组中选中"图片或纹理填充"单选按钮，然后插入一张图片作为幻灯片背景，如图 8.38 所示。

图 8.38　用图片填充幻灯片背景

接下来，我们需要为幻灯片制作一个"遮罩蒙版"。在幻灯片中再次插入这张图片，借助形状选项中的"任意形状"勾画出山洞的轮廓，并且形成闭合的形状。单击选中图片，按住 Ctrl 键加选形状，选择"格式"菜单下的"拆分"选项，如图 8.39 所示。

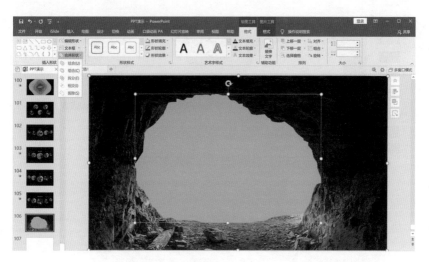

图 8.39　使用任意形状制作遮罩蒙版

删除拆分后"山洞"的图片内容，一个遮罩蒙版就制作出来了，如图 8.40 所示。

将"遮罩蒙版"与"幻灯片背景图"重叠。将 3D 模型插入到幻灯片中，选中 3D 模型，并下移一层，将它放置在"遮罩蒙版"与"幻灯片背景图"的图层之间。

选中 3D 模型，在"动画"菜单下有不同的动画场景可供一键选择，如图 8.41 所示。

如果为动画配上音效，逼真的视听效果即可呈现出来。

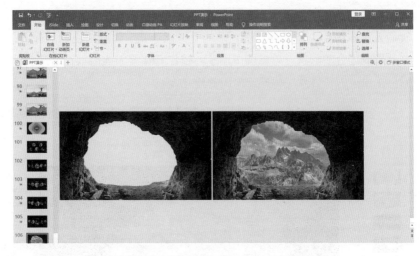

图 8.40　拆分图片后形成的遮罩蒙版

图 8.41　调整图层关系和动画

8.4.4　3D 模型搭配视频背景

借助视频充当幻灯片的背景，配合 3D 模型的动画演示，这个操作起来就比较简单了。

选中 3D 模型，在"动画"菜单下，"进入动画""强调动画""退出动画"都有 3D 模型独有的动画选项可供选择。此时配合视频画面，可以还原一个真实而生动的场景，如图 8.42 所示。

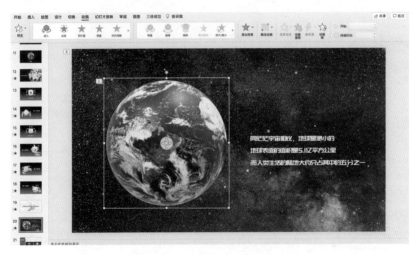

图 8.42　3D 模型搭配视频背景

网络上的一些 PPT 动画大神经常会利用 3D 模型制作出裸眼 3D 的作品，感兴趣的读者可以搜索一下"龙战于野"，感受一下 PPT 3D 模型带来的视听震撼。

从目前的情况来看，受到加载容量和素材来源的限制，3D 模型在 PPT 中的应用不算普及。不过可以预测的是，3D 模型的演示在将来必然会成为一种趋势，尤其在产品展示上将发挥不可小觑的作用。

流年笑掷，未来可期。

随　堂　小　考

　　关注公众号（ID：gouppine），回复关键字"随堂小考"。在文件中找到名称为"8-4"的PPT做课后练习。

8.5　小　　结

　　根据第 8 章的内容，我们用思维导图归纳一下知识脉络，如图 8.43 所示。

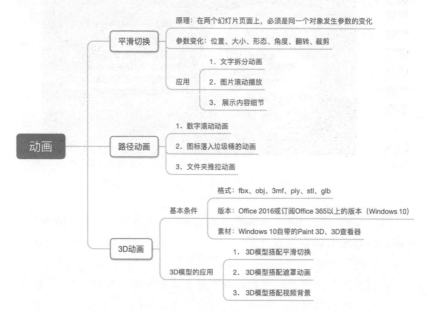

图 8.43　知识脉络

做好演讲，成就 PPT 最后的精彩

在公关公司"作案"多年，自然少不了提案演讲。多年来，听到关于提案的故事五花八门，层出不穷。有的人为了提案专门定制了一套团队服装；有的人请歌手录了一段说唱（Rap）；有的人崴个脚就打着石膏拄着拐去提案了，博得甲方爸爸同情满满；还有的高手只用三页 PPT 动画战胜对手 200 多页幻灯片赢得竞标……各路高手为了提案可谓各显神通，提案演讲的重要性可见一斑。

不可否认，一段精彩的演说往往比一个精彩的 PPT 更有感染力，更具有传播性。尤其是在演讲的场合，带着主角光环的"你"才是全场的焦点。如何把你的幻灯片讲得生动、有趣的确需要一些技巧，如图 9.1 所示。

图 9.1 PPT 演讲需要技巧

9.1　会讲好故事的人都是演讲高手

听故事，并不是小孩子专属的爱好，大人也一样喜欢听人讲故事。究其原因，我想人类的基因里就喜欢做这样的事。

远古时代，我们的祖先会围着篝火聚集在一起，听长者分享他们的故事，讲述着希望和梦想。久而久之，彼此的心也系在了一起。

人类发展到今天，这样的行为得以传承并发扬光大。为了吸引受众，各行各业的人们都在不遗余力地做这样的事。可以说，一个善于讲故事的人所讲述的内容总是能够吸引人们的注意。

9.1.1　善于讲故事的人会抓住更多机会

对于演讲者，善于讲故事的人可以吸引观众的注意力，不至于让台下的观众打瞌睡、玩手机。

对于策划人，善于讲故事的人可以将一个方案包装成有趣的故事，让人有观看的欲望。

对于销售人员，善于讲故事的人可以让消费者放下心里防备，乐于享受而不是购买产品。

对于创业者，善于讲故事的人可以让投资人充满信心，一掷千金。

对于领导者，善于讲故事的人可以让自己的团队患难与共，上下一心。

······

其实会讲故事，善于讲故事何尝只是这些人的专长。回想一下，我们在生活中是不是都在有意或者无意地充当着故事的创作者或传播者。而我们也是在一个又一个故事中认识这个世界，感悟人生······

当你第一次听到孔融让梨的故事，你是不是学会了将手中的水果让给长辈？

当你了解"忽然之间"这首歌是为了纪念台湾地震而创作，歌词道出了在天昏地暗中对情感的珍惜与怀念，你有没有为之动容？

当你知道"冰桶挑战"是为了让人们知道"渐冻人"的罕见疾病，你是不是也曾拿起冰桶给自己泼过一盆冷水？

当你用"网抑云"看着各色各样的人生故事，有没有一句话戳中你的内心，让你长叹不已？

我们就这样在一个又一个故事中认识这个世界，领悟生活的真谛，渐渐地形成了自己的意识形态，再用自己的价值观影响其他人。倘若讲故事的人与听故事的人的经历不谋而合，就会产生共鸣。依靠这种共鸣，故事在人群中传播，从而产生蝴蝶效应，产生更大范围的影响力。

9.1.2　如何讲好一个故事

讲好一个故事不仅能成功吸引观众的注意力，还能让观众更容易理解你的演讲内容，形成记忆。那么，为了 PPT 的演讲，我们该如何讲好一个故事呢？在演讲之前，我建议你做好以下几件事，如图 9.2 所示。

图 9.2　演讲前的准备工作

1. 定位演讲风格

演讲风格真的需要根据个人的特点而定。有的人天生幽默，随便讲几句话就能把现场的气氛带动起来。你看老罗，在台上喘个大气都能引来观众的捧腹大笑。有的人不具备幽默细胞，硬拗段子，包袱不响，观众没反应，只会让气氛陷入尴尬。

所以，演讲前首先要找准自己的定位，确定自己的风格。幽默的演讲可以带动现场氛围，专业细致的演讲会让人大开眼界，温情脉脉的演讲可以打动人心，激情澎湃的演讲可以振奋人心。

你问哪一种风格最好？答：适合你的就是最好的。

2. 想个醒目主题

主题是你演讲前递出的第一张名片，一个好的主题直接决定着观众对你的演讲会产生多大的兴趣。相信很多自媒体人对此深有体会，因为一个好的标题直接决定着内容的点击率。在这里分享几个确定标题常见的使用技巧。

第一个方法：亮点前置

提取核心信息，主题简单明了。简单意味着"少就是多"，向观众体现"我有干货"。例如：

如何在不花一分钱的前提下拯救教育体系？（源自：TED 演讲）

开办一所学校，即关闭一所监狱。（源自：TED 演讲）

是什么让词汇成为"真的"？（源自：TED 演讲）

第二个方法：制造意外

出其不意，挑战刻板印象，颠覆大众认知，给观众带来意想不到的结论。当然这种结论要自圆其说，符合逻辑，否则就会变成遭人唾弃的"标题党"。例如：

真实古代的欧洲，不爱洗澡，以脏为美。（源自：蜻蜓 FM- 赛雷趣历史）

你创业失败，大概是你的姿态太端正。（源自：今日头条 - 小松塔 PPT）

为什么地球有朝一日可能会变成火星？（源自：TED 演讲）

第三个方法：情感带入

找到有社会大众共性的话题，引发观众情感共鸣，增强代入感。有研究表明，社会中的弱者表露的情感更能引起大多数人的同情和关注。例如：

"找个人结婚很难吗？""嗯？"（源自：知乎）

我在北京卖了 4 年房，见过太多人签合同前崩溃大哭。（源自公众号：粥左罗）

内向的人都有惊人的潜力！不要小看自己了。（源自：TED 演讲）

第四个方法：蹭热点

蹭热点意味着有更多的话题讨论，有更多的热度。例如，同样是体育竞技的内容，平时讨论可能反响平平。如果赶上奥运期间，国民关注体育赛事的热情高涨，体育相关的内容就格外地引人关注。

如果标题带有热点信息，标题就会自带流量，更容易吸引观众的注意，这一点做自媒体的人都深有体会。很多自媒体平台，它们的算法都是把带有热点标题的内容推荐给更多的用户。

带有热点标题的案例如下：

双 11 狂销 3723 亿元的背后：消费主义，如何掏空你的钱包？（源自公众号：良大师）

她是让李佳琪崩溃的女人，在春晚一炮走红。（源自公众号：新人物）

3. 梳理故事情节（LOCK 系统）

一篇好的故事，背后总有一个精彩的情节做支撑。关于故事情节的逻辑，美国作者詹姆斯·斯科特·贝尔曾在《这样写出好故事》一书中总结出一套"LOCK 系统"。他将故事情节分为 4 个步骤：L 代表主角（lead）；O 代表目标（objective）；C 代表冲突（confrontation）；K 代表冲击性结尾（knockout）。我们以经典的故事"小马过河"为例，来解释这个"LOCK 系统"，如图 9.3 所示。

（1）主角（lead）：一个精彩故事，主角必须引人注目。

故事一开始就交代了主角——小马，非常懂事，愿意帮妈妈把麦子驮到磨坊。

（2）目标（objective）：目标是情节发展的动力，避免主人公在情节

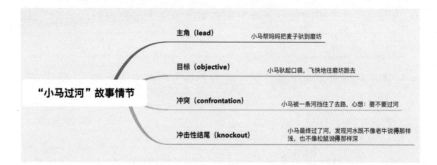

图 9.3　"小马过河"故事情节

上停滞不前。

　　故事继续交代：小马驮起口袋，飞快地往磨坊跑去。

　　（3）冲突（confrontation）：故事有冲突性才会引起观众的好奇，吸引观众有继续观看下去的欲望。合情合理的情节冲突让故事更加富有戏剧性。

　　此时，小马被一条河挡住了去路，心想：要不要过河？于是开始四处询问水的深浅。

　　（4）冲击性结尾（knockout）：故事走向结尾，主角由此完成了一个完整的故事情节。

　　小马最终过了河，发现河水既不像老牛说得那样浅，也不像松鼠说得那样深。

　　如此，一套简单的故事结构就建立起来了。正向书中所说：学习写故事，就像下围棋一样，你掌握了基本原则并不意味着你会成为高手，但起码不会让对手觉得你一窍不通。在下次讲故事前，不妨用这样的逻辑问问自己：我如何在开篇吸引到观众的注意？故事要如何合情合理地推进？情节发生怎样的冲突性会让观众产生更大的兴趣？故事又将以什么样的结尾给出观众最后的答案？

　　4. 阐述一个道理

　　故事一般由两部分组成：一个是情节；另一个就是道理。

每个故事的背后都蕴含着一个深刻的道理或意义，每次演讲的目的都是为了分享一段有价值的思想。你讲述的情节和最终阐述的道理达到和谐统一，才是一篇完整的、精彩的故事。

那么，什么是故事背后的"道理"？

我认为，所有的书籍、电影、音乐、诗歌、方案、演讲……归根到底都要回归到"人性"这件事上。你的产品、服务、理论、观点为这个社会贡献了什么？为人们带来的是便利、快乐、财富、享受，还是更多的思考、心灵上的洗涤、精神上的感悟？只有回归"人性"的本质，探求和满足人性深层的需求，这样的演讲才会更有价值，才会更容易被大众传播。

5. 设计演讲 PPT

如果前面的工作准备充分，设计幻灯片就是一蹴而就的事了。如何设计幻灯片是本书讲述的核心内容，你可以回到前面继续学习。

不过，在这里我要再次强调，正如我前面所说，幻灯片根据场合的应用分为两种：阅读型和演讲型。

演讲型的幻灯片最大的特点就是文案短小而精练，画面简洁而大方。切忌像阅读型 PPT 一样，摆放大段的文字，除非你有有据可依的数据非展示不可。你可以用一句话或者几个关键词概括整页幻灯片的核心内容，再配上一张契合主题的图片，整页幻灯片的视觉表现力一定不俗。

9.1.3　用怎样的话术讲故事更能打动人心

前面都在讲故事框架的构建，接下来，我们就聊聊用什么样的话术讲好一篇故事。

很多策划人、营销人员对"FAB 法则"并不陌生。FAB 对应三个英文单词：Feature（属性）、Advantage（作用）和 Benefit（益处）。按照这样的顺序来介绍产品，就是说服性演讲的逻辑，这样的演说技巧往往更容易让用户或者观众接受你传递的信息，如图 9.4 所示。

图 9.4　FAB 法则

（1）属性（Feature）：是你的产品所具有的客观事实，自身具备的属性。例如，一件 T 恤是纯棉制作的，纯棉就是它的属性。

（2）作用（Advantage）：是产品属性带来的好处。例如，纯棉的 T 恤吸汗、耐热、耐碱。

（3）益处（Benefit）：是给客户带来的直接利益。例如，穿着舒适，可以反复清洗使用，不易磨损。

借助 FAB 法则，我们就可以这样介绍一件 T 恤：这件 T 恤是纯棉制造的，吸汗、耐热，尤其在夏天穿起来会很舒服，而且不用担心被碱性的洗涤用品侵蚀，反复清洗也不会损坏衣物。

这时候，如果你再为这件产品添加一个附加值：它是 ×× IP 的联名款，全球仅有 ×× 件，限量发售。现在购买还可以享受八折优惠。你觉得你的客户会不会为你的这段说词埋单呢？

我们再来看一则关于 FAB 的故事，如图 9.5 所示。

有一只猫非常饿，想大吃一顿。这时销售员推过来一摞钱，但这只猫没有任何反应，这摞钱只是一个属性（Feature）。

图 9.5 关于 FAB 的故事

猫躺在地上非常饿了，销售员过来说："猫先生，我这有一摞钱，可以买很多鱼。"但是猫仍然没有反应，买鱼就是这些钱的作用（Advantage）。

猫非常饿了，想大吃一顿。销售员过来说："猫先生请看，我这儿有一摞钱，能买很多鱼，你就可以大吃一顿了。"话刚说完，这只猫就飞快地扑向了这摞钱。这就是一个完整的 FAB 话术。

猫吃饱喝足了，需求也变了。它不再想吃东西，而是想找个女朋友。这时销售员说："猫先生，我这有一摞钱。"猫没有反应。销售员又说："这些钱能买很多鱼，你可以大吃一顿。"但是猫仍然没有反应。原因很简单，它的需求变了。

所以，无论你是销售人员，还是演讲者。首先要明确你面对的目标人群具有哪些特征？他们的知识水平、兴趣爱好、年龄、性别、收入水平等。对于饥饿的猫，有鱼可以填饱肚子是它的需求；对于吃饱后想要找女朋友的猫，将鱼包装成礼物送给女友才是那只猫的需求。

很多人容易把作用（Advantage）和益处（Benefit）混淆。产品的作用是产品本身所固有的，无论谁使用这个产品，产品自身的属性带来的作用固定不变。但是益处却是有特定性的，因时因地因人而不同，产品带来的益处也会有所不同。

最后，分享一套 FAB 话术的万能公式：因为……（属性），所以……（作用），这意味着……（给用户带来的益处）。例如：

因为这瓶饮料含有二氧化碳，所以可以带走体内的热量，这意味着夏天来一瓶会特别解暑。

因为旅行会把我带到陌生的地方，所以让我寻找诗和远方，这意味着从此遇见更好的自己。

FAB 法则在演讲中应当灵活运用。给人们带来益处（Benefit）的未必就是利好的东西，也可以是意识上的提升，精神上的感悟。例如：

因为全球气候变暖，所以海平面不断上升，这意味着大自然的破坏正在向人类蔓延，人类早已成为命运的共同体。

很多人把说服力、演讲比喻成一次有目的的旅程。对此，我深以为然，如图 9.6 所示。

图 9.6　演讲是一次有目的的旅行

在这次旅程中，你就是这次旅程的"向导"，而观众则是你的"游客"。你可以选择远道，让观众感受旅途中的风景，慢慢体味、感悟人生；你也可以抄近道，简单明了，直抵人心。但无论你的方式是怎样的，你都要确保你的每一个铺陈、每一个幻灯片的设计都是要让观众追随你的脚步，并把他们带到最终的目的地。

在这次旅程中，你要带领他们以独特的视角发现更美的风景、更有趣的事情、更有价值的观点，如此这般，才不枉此行。

9.2　一个策划人关于提案演讲的 8 点建议

在公关公司策划多年，不知不觉也把自己练就成了一名提案老司机。在提案演讲的过程中，总是伴随着许多的技巧和注意事项。我将这些积累下来的经验总结成 8 点建议，供你参考学习。

1. 提案前的演练

有的人天生就会演说，就像有的人天生具备审美能力一样。但是，无论你是擅长"喷"客户的高手，还是对演讲发怵的菜鸟，都必须对幻灯片的内容清晰熟络。尤其对于谈"案"变色的人而言，克服紧张没有更好的解决办法，只有演练、演练、演练……让演说的内容熟烂于心。

如果条件允许，建议你找三两个同事或好友听你演练，从旁观者的角度，让他们给出合理的建议。你要相信，他们给出的建议可能比你的自我认知来得更加真实。

2. 留下记忆点

一般而言，提案演讲的时间是 15～30 分钟不等。对很多准备充分的演讲者而言，短暂的时间让人捉襟见肘。所以在提案演说前，你要清楚演讲的内容可能给人们留下的记忆点在哪里。有记忆点的内容，重点阐述；可提可不提的内容，一带而过或者干脆不提。请记住：时间有限，我们能给观众留下的只有一两个闪光的记忆点。如此，就不失为一次成功的演讲。

3. 了解听众

听你演讲的人可能很多，真正起到决策作用的就那么一两个。尤其对于商务类型的提案而言，认真解答决策人的问题，考虑到他们的喜好尤为重要。当然，这并不意味着你可以忽视其他人的意见，而是要给予他们同样的尊重。

4. 了解竞争对手

竞标之前要弄清楚自己的角色，是来竞标的，还是来陪标的。很多时候，在开标前客户就已经敲定了代理人。这样的事对很多乙方来说已经见怪不怪了。

讲标前，通常会有抽签的先后顺序。如果是第一家，客户可能还有耐心听你完整地讲完方案。如果是最后一家，尤其竞标的公司又很多的情况下，客户早就没有了兴趣。这时候，你要根据实际情况调整策略。靠前讲，可以详细地说。靠后讲，一定要抓重点，帮助客户找到记忆点。如果你对竞争对手比较了解，就要找到自身的优势，和竞争者有所区分。

5. 穿着打扮

穿着整齐、干净的服装，尤其在商务场合还需要穿着正装，这些自然不必多说。这里我分享一个真实的案例。

我的一个前同事去一家运动品牌公司提案，穿了一件其他运动品牌的服装，超大的品牌标识明晃晃地印在胸前。客户虽然当时没说什么，之后也点名批评了我们。类似这种"砸场子"的行为很容易在提案过程中给客户造成负面印象。带有竞争对手的符号出现在客户面前，是对客户的不尊重，也暴露了自己的不专业。

6. 少看备注

提案是一场人与人之间的沟通，就像我们平时对话一样，你不能看着别的地方跟人说话。很多人习惯把演讲内容写在备注上，照着念，这让沟通变成了一种障碍。如果需要备注，可以写下一些关键词，捋顺自己说话的逻辑。

7. 演讲的节奏感

我曾经因为时间所剩无几，语速提高到飞起，导致客户在后面的提问环节一直追问我语速加快的内容。其实，时间再紧也不要让自己的语速超速。可以忽略次要内容，但不要让急促的语速跟不上思考的大脑，让观众听得一脸懵。

一场提案演说，不管你讲得多么精彩，下面总有人低头看手机。面对这种情况，我有一个屡试不爽的方法：停顿几秒钟，不要说话，让现场彻底安静下来，反倒会引起观众的注意。当然，这种方法在一场演讲中只能使用一两次，多用则失效。

其实，在任何场合说话都应该有节奏感，声音的抑扬顿挫是对语言的一种节奏上的掌控。适当地停顿和提高音量，更是一种自信的表现。

8. 善始善终

一场提案演讲下来，记得把自己带来的物品带走，椅子归位……这些细节，别人不会当面说，但每个人都看得见。做事得体、待人有礼是一个策划人，更是一个演讲者应当具备的基本素质。

有人说："写策划方案好像戴着镣铐起舞。"上台演讲又何尝不是。我们既要考虑到品牌的调性、受众的喜好，因时因地制宜，又要发挥自己的想象，展现个人的独特魅力。这对每个策划人、每个演讲者来说都是一项严峻的考验。修炼演讲的过程任重而道远，但未来的前景却一片光明，因为善于演讲的人总是比一般人赢得更多的机会。

9.3 幻灯片放映的使用技巧

演讲时，我们可能会遇到各种各样的状况。掌握一些放映技巧，可以帮助你及时处理意外状况，提高演讲效率。

（1）快速放映。除了选择菜单栏中的"幻灯片放映"选项，还可以按 F5 键直接放映幻灯片。

（2）快速停止放映。除了按 Esc 键，还可以按"-"键，快速停止放映。

（3）任意放映幻灯片。按数字序号，再按 Enter 键。

（4）切换黑屏。想要屏幕 1 秒变黑，按一下 B 或"。"键。想要回到正常的放映模式，再次按一下 B 或"。"键。

（5）切换白屏。想要屏幕变白屏，按 W 或"，"键。再按一下 W

或 "," 键，就可以从白屏返回到正常放映模式。黑白屏的切换主要用于临时遮挡，以便于演讲者做应急处理。

（6）隐藏鼠标。幻灯片放映时鼠标总是出现在画面上，按 Ctrl+H 组合键可以隐藏鼠标；按 Ctrl+A 组合键鼠标会再次出现。

（7）切换到第一页幻灯片。同时按住鼠标的左键和右键 2 秒以上，可以从放映的任意页面切换到第一页幻灯片。

（8）激光笔。与手持的激光笔效果一样，选择激光笔功能，在幻灯片上会出现一个红斑，移动鼠标可以指向幻灯片具体的某个位置。

（9）笔 / 荧光笔。与激光笔功能不同，笔和荧光笔可以在幻灯片放映时留下记号，并且画笔的颜色可以调节。如果需要擦除，可以选择"橡皮擦"功能涂抹，或者按 E 键擦除全部内容，如图 9.7 所示。

图 9.7　激光笔 / 笔 / 荧光笔

（10）放大局部区域。放映幻灯片时，想要突显幻灯片中某个内容，选择"放大镜"，框选需要放大的区域，单击即可放大。按 Esc 键回到正常放映模式，如图 9.8 所示。

图 9.8　局部放大功能

（11）幻灯片浏览。这项功能可以一目了然地厘清内容的逻辑关系。即使不在演讲的放映场合，当你每次写完 PPT 时，建议也要用这项功能检查一遍所有的内容。站在"上帝视角"看自己的 PPT，会有不同的感受，如图 9.9 所示。

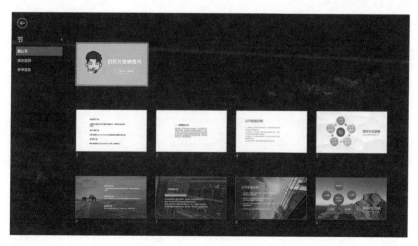

图 9.9　幻灯片浏览

（12）演示者视图。可以模拟幻灯片链接投影的场景。在这里进行幻灯片演讲练习，有计时，还可以添加备注，以上提到的所有功能都可以在这里演练一遍，如图 9.10 所示。

图 9.10　演示者视图

（13）幻灯片放映帮助。以上是常用的幻灯片放映技巧，想要了解更多的内容，按 F1 键，一键打开"幻灯片放映帮助"界面查看，如图 9.11 所示。

图 9.11　幻灯片放映帮助

9.4　小　　结

根据第 9 章的内容，我们用思维导图归纳一下知识脉络，如图 9.12 所示。

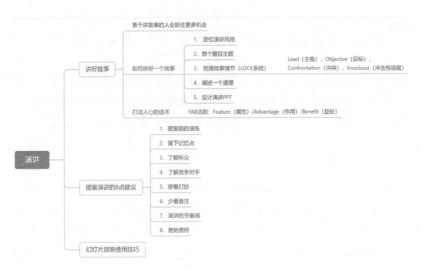

图 9.12　知识脉络

后　记

　　一本讲解如何做 PPT 的书有"后记"也是比较少见的吧。其实在创作之初，我就没有把它定位成工具书，我希望它可以帮你重塑一种 PPT 设计的思维逻辑，或者是你闲来无事可以翻阅的一本 PPT 杂文集。

　　说起这本书的由来，还要追溯到 2020 年的夏天。当时由于我的哔哩哔哩主页（小松塔 PPT）上的一个教学视频上了热门（近 90 万的点击量），一时间好几家出版社联系到我，我当时既惊讶又惊喜。虽然在这之前已经制作了很多教学短视频，也制作了教学专栏，但从未想过自己能出书。抱着试试的态度，不知不觉就把这本书写到了这里。

　　写这本书的过程中，我翻阅了过去看过的公众号、短视频，查找了之前做过的无数 PPT 案例，恍然间才发现：我十年的职业生涯竟然每一天都在和 PPT 打交道，它伴随着我的成长、收获与收入。

　　毕业刚来北京的时候，我还是一个 PPT 的门外汉，连"菜鸟"都不算。为了应聘策划的工作，我连续一周啃下了一本 PPT 的书籍。后来这本书一直放在我的办公桌上，不会了就去翻阅。

　　不可否认，有些东西是与生俱来的，我对 PPT 的排版有着天然的热爱和优势。没过多久，我就凭借优秀的 PPT 设计在公司"站稳了脚"。后来，还大言不惭地被 HR 邀请给同事分享制作 PPT 的经验。当然，PPT 排版的工作也是接踵而来。不管多大的方案，都会找我这枚策划工作者帮忙排版。那时我才发现：原来不会排版的 PPT 设计师不是一个好策划。

　　因为 PPT 排版出色，后来侥幸进入国内的 4A 公司工作，从此收入也水涨船高。

2019 年，我算是赶上自媒体的最后一波热度，开始在各大自媒体开设自己的账号。那时由于找不到自己的定位，短视频播放量和粉丝量少得可怜。

一次和行业内人士聊天，他问我：你觉得你的优势是写 PPT 还是做 PPT？真是一语惊醒梦中人。于是我转型做起了 PPT 短视频教学，没想到第一个视频在哔哩哔哩的播放量就超过 13 万，这也大大增加了我的信心。

2020 年的特殊时期，在家待业。我潜心研究短视频制作，又侥幸上了一次热门，这才有了这本书与读者见面的机会。

其实回头想想，生活就是这么奇妙。人生的道路，每一步都自有原因。过往的每一个经历最终把你推到今天这个位置。当你回首来路时，才发现每一步都自有用意。

从盛夏写到立冬，赶在截止日期前终于完结了。如鲠在喉的老血终于吐出，怎一个爽字了得！

最后，还是要再次感谢源智天下科技公司的邀请，感谢哔哩哔哩、头条、知乎、小红书粉丝们的点赞加关注，感谢耳顺之年的老母亲、老父亲的支持，感谢年近不惑之年的老哥的鼓励。鄙人不才，如果我分享的内容对你有一点点的启发，已是深感欣慰。

2021 年 3 月于北京